Hans Borucki

Pyhsik üben
Mechanik Sek I

MANZ VERLAG

Manz Verlag

Lektorat: Jürgen Grimm, Braunschweig
Herstellung: imprint, Zusmarshausen
Umschlaggestaltung: Werkstatt München: Weiss/Zembsch, München
Illustration: Eo Borucki, Würzburg
Satz: imprint, Zusmarshausen
Druck: Druckhaus Beltz, Hemsbach
Printed in Germany

ISBN 3-7863-5410-3

Tipps zum Training mit diesem Buch

In diesem Buch geht es um die zentralen Inhalte der Mechanik, die im Physikunterricht ab der 7. oder 8. Klasse behandelt werden. Es stehen die Themen im Vordergrund, die erfahrungsgemäß in mündlichen oder schriftlichen Leistungskontrollen abgefragt werden.

Da der Schwerpunkt auf der Anwendung physikalischer Gesetze auf praktische Probleme liegt, werden die einzelnen Themen – ausgehend von möglichst realitätsnahen Beispielen – nicht neu eingeführt, sondern kompakt zusammengefasst. Im Anschluss werden typische Aufgabenbeispiele ausführlich vorgerechnet, gefolgt von einem Aufgabenblock zur selbstständigen Bearbeitung.

Wer eine Anregung zur Lösung braucht, findet sie im Lösungsteil. Dort werden alle Aufgaben gelöst und zwar nach einem einheitlichen Schema. Es wird zunächst festgestellt: „Was ist gegeben" und „Was ist gesucht".
Im anschließenden „Lösungsplan" wird das physikalische Problem dargestellt, ein Lösungsweg wird aufgezeigt. Schließlich folgen die eigentliche „Lösung" – meistens als Rechnung – und die Antwort auf die gestellte Frage im „Ergebnis". Das Ergebnis wird, wenn nötig und sinnvoll, meistens gleich in gerundeter Form angegeben.

Der Lösungsteil sollte schrittweise verwendet werden. Oft genügt ein Blick auf „Gegeben … Gesucht" oder eine gelegentlich angegebene Skizze, um danach selbstständig weiter arbeiten zu können. In den meisten Fällen wird der Lösungsplan auf den richtigen Weg führen. Die ausführliche „Lösung" dient natürlich auch der Überprüfung der eigenen Überlegung und Rechnung.

Viel Erfolg und Spaß beim Üben!

Inhalt

A Dichte

Wenn man jemanden fragt: „Was ist schwerer, Blei oder Kork?“, wird man in den meisten Fällen die Antwort „Blei“ erhalten. Und wenn man dann darauf hinweist, dass diese Antwort doch nicht richtig sein kann, weil ja schließlich 2 kg Kork schwerer sind als 100 g Blei, dann stellt sich heraus, dass der Gefragte, ohne dass es ihm bewusst war, einen Körper aus Blei mit einem gleichgroßen Körper aus Kork verglichen hat, also beispielsweise einen Bleiwürfel mit einem gleich großen Korkwürfel. Und von diesen beiden gleich großen Würfeln ist natürlich der aus Blei schwerer als der aus Kork.

Um solchen Missverständnissen aus dem Wege zu gehen, haben die Physiker den Begriff der **Dichte** (Formelzeichen ϱ) eingeführt. Sie verstehen darunter den Quotienten aus der Masse m eines Körpers und seinem Volumen V.

Dichte eines Körpers: $\varrho = \frac{m}{V}$ Einheit der Dichte: $1\,\frac{\text{g}}{\text{cm}^3} = 1\,\frac{\text{kg}}{\text{dm}^3}$

Beispiel Wie groß ist das Volumen von 1 kg Gold, dessen Dichte $19{,}3\,\frac{\text{g}}{\text{cm}^3}$ beträgt?

Gegeben: Masse des Goldes: $m = 1\,\text{kg} = 1000\,\text{g}$

Dichte des Goldes: $\varrho = 19{,}3\,\frac{\text{g}}{\text{cm}^3}$

Gesucht: Volumen des Goldes: V

Lösung

Wir lösen die Definitionsgleichung der Dichte nach dem gesuchten Volumen V auf:

$$\varrho = \frac{m}{V} \Rightarrow V = \frac{m}{\varrho}$$

Wir setzen die gegebenen Größen ein und gleichen die Einheiten einander an:

$$V = \frac{1\,\text{kg}}{19{,}3\,\frac{\text{g}}{\text{cm}^3}} = \frac{1000\,\text{g}}{19{,}3\,\frac{\text{g}}{\text{cm}^3}}$$

Wir führen die Zahlenrechnung durch $V = \left(\frac{1000}{19{,}3}\right) \frac{\text{g}}{\frac{\text{g}}{\text{cm}^3}} = 51{,}8 \frac{\text{g} \cdot \text{cm}^3}{\text{g}}$

und kürzen die Einheiten, nachdem wir sie auf einen gemeinsamen Bruchstrich gebracht haben: $V = 51{,}8\,\text{cm}^3$

Antwort: 1 kg Gold nimmt einen Raum von $51{,}8\,\text{cm}^3$ ein.

Aufgaben

1. Ein massiver Holzwürfel von 40 cm Kantenlänge hat eine Masse von 44,8 kg. Wie groß ist seine Dichte?

2. Ein Autofahrer hat 73 Liter Benzin $\left(\text{Dichte } 0{,}72 \frac{\text{g}}{\text{cm}^3}\right)$ getankt. Um wie viel Kilogramm ist sein Auto dadurch schwerer geworden?

3. Quecksilber hat eine Dichte von $13{,}6 \frac{\text{g}}{\text{cm}^3}$. Welches Fassungsvermögen muss ein Gefäß, in dem man 12 kg Quecksilber unterbringen kann, mindestens haben?

4. Das rechteckige Flachdach eines Bungalows ist 18 m lang und 9 m breit. Nach einem starken Schneefall ist es mit einer 25 cm hohen Schneeschicht bedeckt. Welche Masse hat die Schneeschicht, wenn ihre durchschnittliche Dichte $0{,}2 \frac{\text{kg}}{\text{dm}^3}$ beträgt?

5. Wie groß ist die Masse der Luft in einem vollkommen leeren quaderförmigen Zimmer von 6 m Länge, 4 m Breite und 2,7 m Höhe, wenn die Luftdichte $1{,}3 \frac{\text{g}}{\text{dm}^3}$ beträgt?

6. Eine 1,50 m lange und 60 cm breite rechteckige Aluminiumplatte hat eine Masse von 140,4 kg. Wie dick ist sie?
$\left(\text{Die Dichte von Aluminium beträgt } 2{,}7 \frac{\text{g}}{\text{cm}^3}\right)$

7. Wie dick müsste eine Stahlplatte sein, die die gleiche Länge, die gleiche Breite und die gleiche Masse hat wie die Aluminiumplatte der vorhergehenden Aufgabe? $\left(\text{Die Dichte von Stahl beträgt } 7{,}8 \frac{\text{g}}{\text{cm}^3}\right)$.

8. Wie dick ist eine Bleiplatte, die bei gleicher Plattenfläche die gleiche Masse hat wie eine 2 cm dicke Stahlplatte? $\left(\text{Dichte von Stahl } 7{,}8 \frac{\text{g}}{\text{cm}^3}, \text{ Dichte von Blei } 11{,}3 \frac{\text{g}}{\text{cm}^3}\right)$

B Gesetz von Hooke

1 Berechnungen an einzelnen Federn

Jeder, der schon einmal mit einem Expander trainiert hat, weiß es: Dieses Martergerät ist ganz offensichtlich bestrebt, seine ursprüngliche Länge beizubehalten. Jedem Versuch, es zu verlängern, setzt es eine Kraft entgegen. Und diese Kraft, die der Trainierende mit seiner Muskelkraft überwinden muss, ist nicht etwa konstant. Sie wächst vielmehr mit zunehmender Verlängerung.
Und für die letzten paar Zentimeter reicht oft die Muskelkraft nicht mehr aus, um diese rücktreibende Kraft zu überwinden.

Der Expander besteht in der Regel aus Schraubenfedern, deren physikalisches Verhalten durch das **Hooke'sche Gesetz** beschrieben wird:

Bei nicht zu großer Dehnung ist die Verlängerung s einer solchen Feder direkt proportional der verlängernden (Zug-)Kraft bzw. der rücktreibenden (Feder-) Kraft. Das bedeutet: Der Quotient aus der Kraft F und Verlängerung s ist konstant.

$$\frac{F}{s} = \text{konstant bzw. } \frac{F_1}{s_1} = \frac{F_2}{s_2}$$

Die darin auftretende Konstante, die von Feder zu Feder verschieden sein kann, heißt **Federkonstante** oder **Federhärte** und erhält üblicherweise das Symbol D.

$$\frac{F}{s} = D$$

Gebräuchliche Einheiten der Federkonstanten sind:

$$1\,\frac{\text{Newton}}{\text{Meter}}\left(1\,\frac{\text{N}}{\text{m}}\right),\ 1\,\frac{\text{N}}{\text{cm}} \text{ und } 1\,\frac{\text{N}}{\text{mm}}$$

Umrechnungsbeziehungen:

$$1\,\frac{\text{N}}{\text{cm}} = 100\,\frac{\text{N}}{\text{m}} \text{ und } 1\,\frac{\text{N}}{\text{mm}} = 10\,\frac{\text{N}}{\text{cm}} = 1000\,\frac{\text{N}}{\text{m}}$$

Beispiel

Um wie viele Zentimeter verlängert sich eine Schraubenfeder unter dem Einfluss einer Zugkraft von 378 N, wenn die Federkonstante $45\,\frac{\text{N}}{\text{cm}}$ beträgt?

Gegeben: Federkonstante: $D = 45\,\frac{\text{N}}{\text{cm}} = 4500\,\frac{\text{N}}{\text{m}}$
Betrag der Zugkraft: $F = 378\,\text{N}$

Gesucht: Die durch die Zugkraft bewirkte Verlängerung der Feder: s

Lösung

Wir lösen die Beziehung $\frac{F}{s} = D$ nach der gesuchten Verlängerung s auf,

$$\frac{F}{s} = D \Rightarrow s = \frac{F}{D}$$

setzen die gegebenen Größen ein,

$$s = \frac{378\,\text{N}}{4500\,\frac{\text{N}}{\text{m}}}$$

führen die Zahlenrechnung durch, und kürzen die Einheiten.

$$s = \left(\frac{378}{4500}\right)\frac{\text{N}}{\frac{\text{N}}{\text{m}}} = 0{,}084\,\frac{\text{N}\cdot\text{m}}{\text{N}} = 0{,}084\,\text{m}$$

Ergebnis: Die Feder verlängert sich unter dem Einfluss einer Zugkraft von 378 N um 8,4 cm.

Aufgaben

1. Unter dem Einfluss einer Kraft von 18 N verlängert sich eine Schraubenfeder um 45 mm. Berechne die Federkonstante.

2. Welche Kraft ist erforderlich, um eine Feder, deren Federkonstante $1{,}2\,\frac{\text{N}}{\text{mm}}$ beträgt, um 1,4 dm zu verlängern?

3. Eine an einem Haken hängende Schraubenfeder ist im unbelasteten Zustand 28 cm lang. Befestigt man an ihrem unteren Ende ein Massenstück, dessen Gewichtskraft 1,75 N beträgt, dann dehnt sich die Feder auf eine Länge von 35 cm aus. Wie groß ist die Federkonstante?

4. Eine Feder wird durch eine Kraft von 2,8 N um 7 cm verlängert. Wie groß ist die Verlängerung, wenn eine Kraft von 5,2 N an ihr zieht?

5. Eine Schraubenfeder ist im unbelasteten Zustand 30 cm lang. Bei einer Belastung von 24 N hat sie eine Länge von 36 cm. Wie lang ist sie bei einer Belastung von 42 N?

6. Eine Schraubenfeder ist im unbelasteten Zustand 48 cm lang. Bei einer Belastung von 0,12 N dehnt sie sich auf eine Länge von 50 cm aus. Mit welcher Kraft muss man an dieser Feder ziehen, um sie auf eine Länge von 60 cm auszudehnen?

2 Kombination mehrerer Federn

Sehr viel komplizierter werden die Zusammenhänge, wenn mehrere Federn zusammenwirken. Die Federn können dabei parallel nebeneinander liegen, wie das beim Expander der Fall ist. Sie können aber auch, hintereinander liegen, wie das bei den beiden aneinander hängenden Federn im folgenden Beispiel der Fall ist.

Beispiel

Gegeben sind zwei Schraubenfedern. Die erste ist im unbelasteten Zustand 20 cm lang. Sie hat eine Federkonstante von $0{,}15\,\frac{\text{N}}{\text{cm}}$ und eine Gewichtskraft von 0,25 N. Die zweite Feder ist im unbelasteten Zustand 35 cm lang, hat eine Federkonstante von $0{,}08\,\frac{\text{N}}{\text{cm}}$ und eine Gewichtskraft von 0,20 N. Die erste Feder hängt an einem Haken. An ihrem unteren Ende wird die zweite Feder befestigt. Wie lang sind beide Federn zusammen, wenn nun noch an das Ende der zweiten Feder ein Massenstück gehängt wird, dessen Gewichtskraft 1,00 N beträgt?

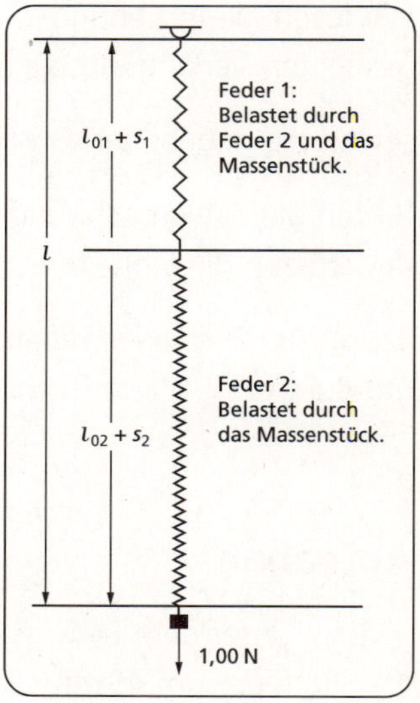

Gegeben: Federkonstante von Feder 1: $D_1 = 0{,}15\,\frac{\text{N}}{\text{cm}}$
Länge von Feder 1 im unbelasteten Zustand: $l_{01} = 20\,\text{cm}$
Gewichtskraft von Feder 1: $G_1 = 0{,}25\,\text{N}$
Federkonstante von Feder 2: $D_2 = 0{,}08\,\frac{\text{N}}{\text{cm}}$
Länge von Feder 2 im unbelasteten Zustand: $l_{02} = 35\,\text{cm}$
Gewichtskraft von Feder 2: $G_2 = 0{,}20\,\text{N}$
Gewichtskraft des anhängenden Massenstückes: $G_\text{m} = 1{,}00\,\text{N}$

Gesucht: Gesamtlänge beider Federn: l

Lösung

Die auf Feder 1 wirkende Kraft F_1 setzt sich zusammen aus der Gewichtskraft G_2 von Feder 2 und der Gewichtskraft G_m des angehängten Massenstückes.

$$F_1 = G_2 + G_\text{m}$$

$$F_1 = 0{,}20\,\text{N} + 1\,\text{N} = 1{,}20\,\text{N}$$

Die dadurch bewirkte Verlängerung s_1 von Feder 1 ergibt sich aus dem nach s aufgelösten Hooke'schen Gesetz.

$$s_1 = \frac{F_1}{D_1}$$

$$s_1 = \frac{1{,}20\,\text{N}}{0{,}15\,\frac{\text{N}}{\text{cm}}} = \left(\frac{1{,}20}{0{,}15}\right)\frac{\text{N}\cdot\text{cm}}{\text{N}} = 8\,\text{cm}$$

Die auf Feder 2 wirkende Kraft F_2 ist gleich der Gewichtskraft G_m des angehängten Massenstückes.

$$F_2 = G_\text{m}$$

$$F_2 = 1{,}00\,\text{N}$$

Die dadurch bewirkte Verlängerung s_2 $\quad s_2 = \frac{F_2}{D_2}$

ergibt sich aus dem Hooke'schen Gesetz. $\quad s_2 = \frac{1{,}00\,\text{N}}{0{,}08\,\frac{\text{N}}{\text{cm}}} = \left(\frac{1{,}00}{0{,}08}\right)\frac{\text{N}\cdot\text{cm}}{\text{N}} = 12{,}5\,\text{cm}$

Die gesuchte Gesamtlänge l der beiden Federn ist gleich der Summe aus den Längen l_{01} und l_{02} der beiden Federn im unbelasteten Zustand und den durch die Belastungen bewirkten Verlängerungen s_1 und s_2

$l = l_{01} + l_{02} + s_1 + s_2$

$l = 20\,\text{cm} + 35\,\text{cm} + 8\,\text{cm} + 12{,}5\,\text{cm}$

$l = 75{,}5\,\text{cm}$

Ergebnis: Die Gesamtlänge beider Federn beträgt 75,5 cm.

Aufgaben

7. Welche Gesamtlänge ergibt sich, wenn die beiden Federn des vorhergehenden Beispiels bei sonst gleichen Verhältnissen in umgekehrter Reihenfolge aneinander gehängt werden?

8. Zwei Schraubenfedern mit den Federkonstanten $0{,}8\,\frac{\text{N}}{\text{cm}}$ und $1{,}2\,\frac{\text{N}}{\text{cm}}$ werden aneinander gehängt, sodass eine einzige Feder entsteht. Um wie viele Zentimeter verlängert sie sich, wenn man an ihr mit einer Kraft von 3,6 N zieht?

9. Welche Federkonstante hat die Federkombination aus der vorhergehenden Aufgabe 8?

10. Welche Federkonstante hat eine Kombination aus zwei aneinander hängenden Schraubenfedern, deren Federkonstanten $2\,\frac{\text{N}}{\text{cm}}$ und $6\,\frac{\text{N}}{\text{cm}}$ betragen?

11. Ein Expander besteht aus fünf parallel zueinander gespannten Schraubenfedern. Jede einzelne von ihnen hat eine Federkonstante von $60\,\frac{\text{N}}{\text{m}}$. Um wie viele Zentimeter wird er durch eine Kraft von 240 N gedehnt?

12. Die fünf Schraubenfedern des Expanders aus Aufgabe 11 sollen durch eine einzige Schraubenfeder ersetzt werden. Wie groß muss deren Federkonstante sein?

13. Ein beladener Eisenbahnwaggon hat eine Gewichtskraft von 1200 kN. Er wird von einer Rangierlokomotive auf ebener Strecke mit gleich bleibender Geschwindigkeit an seinen Bestimmungsort geschoben, wobei die Rollreibungszahl 0,015 beträgt. Um wie viele Zentimeter werden dabei die beiden Pufferfedern des Waggons zusammengedrückt, wenn jede von ihnen eine Federkonstante von $75\,\frac{\text{N}}{\text{mm}}$ hat?

C Hebel

1 Berechnungen ohne Berücksichtigung der Gewichtskraft des Hebels

Schon die Kleinsten auf dem Kinderspielplatz wissen es: Möglichst gleich schwer müssen die beiden Kinder sein, die miteinander wippen wollen. Beide können sich dann auf die äußersten Enden des Wippbalkens setzen und erreichen beim Wippen die größtmögliche Höhe.

Was aber, wenn kein gleichschwerer Partner vorhanden ist, sondern nur der ziemlich schwere Papa? Setzt sich der Herr Papa auf das äußerste Ende der Wippe, dann bleibt er für alle Zeiten unten und sein Kind oben. Rückt er aber langsam näher an die Drehachse heran, dann scheint das Kind allmählich schwerer zu werden und schließlich kommt der Punkt, wo der Papa langsam in die Höhe geht. Und wenn er an dieser Stelle sitzen bleibt, dann können die beiden wippen, als wären sie gleichschwer. Nur einen Nachteil hat die Sache: Der Vater kommt beim Wippen nicht so hoch wie sein Kind.

Die Wippe ist ein Beispiel für einen Hebel. Darunter verstehen die Physiker einen starren, meist stabförmigen und um eine Achse drehbaren Körper, an dem in einer zur Drehachse senkrechten Ebene Kräfte angreifen.

Das Produkt aus einer Kraft *F* und dem Abstand *a* ihrer Wirkungslinie von der Drehachse eines Hebels bezeichnet man als **Drehmoment *D***.

$$D = F \cdot a$$

Man unterscheidet dabei „rechtsdrehende" Drehmomente und „linksdrehende" Drehmomente.

Am Hebel herrscht Gleichgewicht, wenn die Summe der rechtsdrehenden Drehmomente gleich der Summe der linksdrehenden Drehmomente ist:

$$F_3 \cdot a_3 + F_4 \cdot a_4 + F_5 \cdot a_5 + F_6 \cdot a_6 = F_1 \cdot a_1 + F_2 \cdot a_2$$

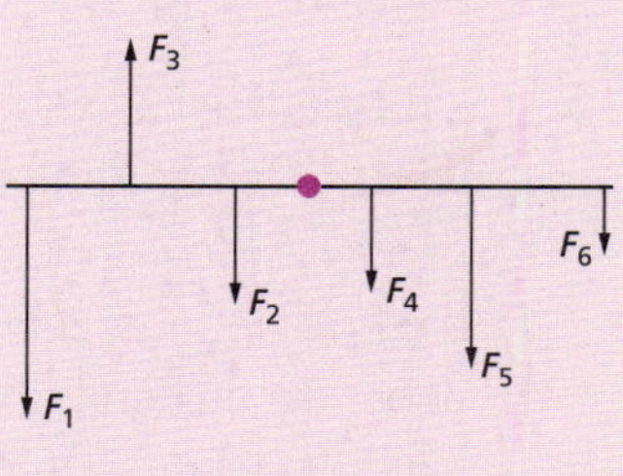

Beispiel

32 cm rechts von der Drehachse eines geraden, waagerecht stehenden Hebels hängt ein Massenstück mit einer Gewichtskraft von 15 N. Wo muss ein Massenstück von 20 N Gewichtskraft befestigt werden, damit der Hebel im Gleichgewicht ist? (Von der Gewichtskraft des Hebels selbst wird abgesehen!)

Gegeben: Betrag der Gewichtskraft des rechts hängenden Massenstückes: $F_r = 15\,\text{N}$
Abstand des rechts hängenden Massenstücks von der Drehachse:
$a_r = 32\,\text{cm}$
Betrag der Gewichtskraft des links hängenden Massenstücks: $F_l = 16\,\text{N}$.

Gesucht: Abstand des links hängenden Massenstückes von der Drehachse: a_l.

Lösung

Im Gleichgewichtsfall muss das rechtsdrehende Drehmoment gleich dem linksdrehenden Drehmoment sein. $D_r = D_l$

Für das rechtsdrehende Drehmoment gilt: $D_r = F_r \cdot a_r$

Für das linksdrehende Drehmoment gilt: $D_l = F_l \cdot a_l$

Damit ergibt sich: $F_r \cdot a_r = F_l \cdot a_l$

Wir lösen die so erhaltene Gleichung nach dem gesuchten Abstand a_l auf, $a_l = \frac{F_r \cdot a_r}{F_l}$

setzen die gegebenen Größen ein, $a_l = \frac{15\,\text{N} \cdot 32\,\text{cm}}{16\,\text{N}}$

führen die Zahlenrechnung durch und kürzen die Einheiten soweit wie möglich. $a_l = \left(\frac{15 \cdot 32}{16}\right) \frac{\text{N} \cdot \text{cm}}{\text{N}} = 30\,\text{cm}$

Ergebnis: Das Massenstück muss 30 cm links von der Drehachse angehängt werden.

Aufgaben

Bei den nun folgenden Aufgaben soll durchweg von der Gewichtskraft des Hebels abgesehen werden. Der Hebel ist für uns also eine gewichtslose Stange.

1. An einem geraden Hebel hängt 12 cm links von der Drehachse ein Massenstück, dessen Gewichtskraft 72 N beträgt. Mit einem Massenstück der Gewichtskraft 16 N soll der Hebel in waagerechter Lage ins Gleichgewicht gebracht werden. Wo ist dieses Massenstück anzubringen?

2. 30 cm rechts von der Drehachse eines geraden, waagerecht stehenden Hebels hängt ein Massenstück mit einer Gewichtskraft von 24 N. Welche Gewichtskraft hat ein 48 cm links von der Drehachse hängendes Massenstück, das den Hebel im Gleichgewicht hält?

3. An einem 125 cm langen, waagerecht stehenden einarmigen Hebel hängt 15 cm von der Drehachse entfernt ein Massenstück, dessen Gewichtskraft 750 N beträgt. Wie groß muss eine am freien Ende des Hebels senkrecht nach oben wirkende Kraft sein, die verhindert, dass sich der Hebel nach unten dreht?

4. Die Drehachse eines waagerecht stehenden 120 cm langen geraden Hebels befindet sich 40 cm von dem einen Hebelende entfernt. An den beiden Hebelenden hängt je ein Massenstück von 7,5 N Gewichtskraft. Wo muss ein Massenstück mit einer Gewichtskraft von 20 N angehängt werden, damit sich dieser Hebel im Gleichgewicht befindet?

5. An einer 120 cm langen Stange, die um ihren Schwerpunkt drehbar ist, hängen sechs Massenstücke mit folgenden Gewichtskräften und folgenden Abständen von der Drehachse:

links von der Drehachse	rechts von der Drehachse
12 N im Abstand von 36 cm	9 N im Abstand von 55 cm
8 N im Abstand von 20 cm	18 N im Abstand von 30 cm
15 N im Abstand von 5 cm	6 N im Abstand von 20 cm

Zur Verfügung steht nun noch ein Massenstück mit einer Gewichtskraft von 8 N. Ist es möglich, damit den Hebel ins Gleichgewicht zu bringen?

6. An den Enden einer als gewichtslos anzusehenden 1 m langen Stange hängen zwei Massenstücke, deren Gewichtskräfte 140 N und 60 N betragen. Wo muss die Stange durch eine Schneide unterstützt werden, damit sie im Gleichgewicht ist?

7. Die Balkenwaage im Goldgräbercamp hat offensichtlich zwei unterschiedlich lange Hebelarme. Ein Nugget wiegt, wenn man es auf die rechte Waagschale legt und die Gewichtsstücke auf die linke 12,64 g. Legt man dasselbe Goldstück dagegen auf die linke Waagschale und die Gewichtsstücke auf die rechte, dann wiegt es 13,85 g.
Fragt sich nun, wie schwer das Nugget tatsächlich ist?

2 Berechnungen mit Berücksichtigung der Gewichtskraft des Hebels

Im vorigen Abschnitt hatten wir vereinbart, die Gewichtskraft des Hebels zunächst nicht zu berücksichtigen. Das vereinfacht zwar die Berechnung erheblich, ist aber streng genommen nur dann zulässig, wenn der Schwerpunkt des Hebels auf der Drehachse liegt. Und das ist beispielsweise beim einarmigen Hebel niemals der Fall.

Beispiel

An einem 125 cm langen, waagerecht stehenden einarmigen Hebel hängt 15 cm von der Drehachse entfernt ein Massenstück, dessen Gewichtskraft 750 N beträgt. Wie groß muss eine am freien Ende des Hebels senkrecht nach oben wirkende Kraft sein, die verhindert, dass sich der Hebel nach unten dreht? Dabei beträgt die Gewichtskraft des stangenförmigen Hebels 80 N und sein Schwerpunkt liegt im geometrischen Mittelpunkt.

Vorüberlegung

Bezüglich der Schwerkraft kann man sich die gesamte Masse eines Körpers in seinem Schwerpunkt vereinigt denken. Der Schwerpunkt ist folglich der Angriffspunkt der Schwerkraft. Im vorliegenden Falle greift also genau in der Mitte der Hebelstange eine senkrecht nach unten wirkende Kraft von 80 N an.

Skizze

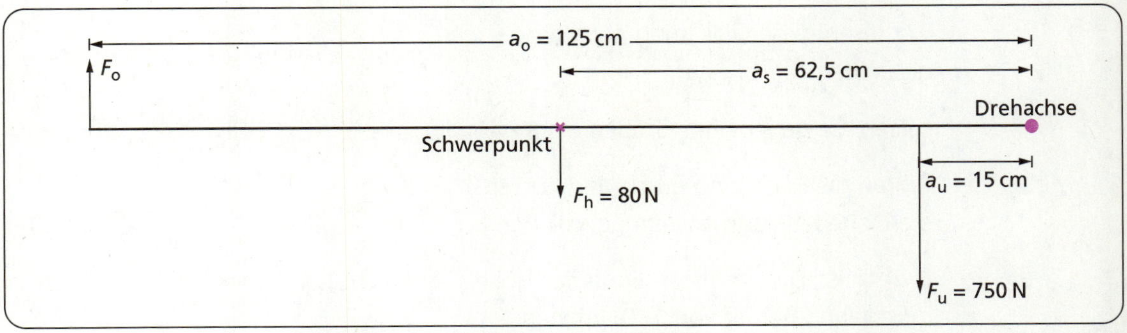

Tipp

Eine Skizze verdeutlicht oft den Zusammenhang.

Gegeben: Betrag der nach unten wirkenden Kraft: $F_u = 750\,N$
Abstand der nach unten wirkenden Kraft von der Drehachse:
$a_u = 15\,cm$
Abstand der nach oben wirkenden Kraft von der Drehachse:
$a_o = 125\,cm$
Gewichtskraft des Hebels: $F_h = 80\,N$
Abstand des Schwerpunktes von der Drehachse:
$a_s = 125\,cm : 2 = 62{,}5\,cm$

Gesucht: Betrag der nach oben wirkenden Kraft: F_o

Lösung

Damit der Hebel im Gleichgewicht ist, muss die Summe der beiden nach unten wirkenden Drehmomente gleich dem nach oben wirkenden Drehmoment sein.

$$D_{u_1} + D_{u_2} = D_o$$

Für das durch die Gewichtskraft des Hebels bewirkte Drehmoment D_{u_1} gilt:

$$D_{u_1} = F_h \cdot a_s$$

Für das durch das anhängende Massenstück bewirkte Drehmoment D_{u_2} gilt:

$$D_{u_2} = F_u \cdot a_u$$

Für das nach oben wirkende Drehmoment D_o gilt:

$$D_o = F_o \cdot a_o$$

Damit ergibt sich die Gleichgewichtsbedingung:

$$F_h \cdot a_s + F_u \cdot a_u = F_o \cdot a_o$$

Wir lösen diese Gleichung nach der gesuchten Kraft F_o auf,

$$F_o = \frac{F_h \cdot a_s + F_u \cdot a_u}{a_o}$$

setzen die gegebenen Größen ein,

$$F_o = \frac{80\,N \cdot 62{,}5\,cm + 750\,N \cdot 15\,cm}{125\,cm}$$

führen die Rechnung durch und kürzen die Einheiten soweit wie möglich.

$$F_o = \left(\frac{80 \cdot 62{,}5 + 750 \cdot 15}{125}\right)\frac{N \cdot cm}{cm} = 130\,N$$

Ergebnis: Die am freien Ende des Hebels senkrecht nach oben wirkende Kraft muss einen Betrag von 130 N haben.

Aufgaben

8. Berechne Aufgabe 4 (Seite 14) unter Berücksichtigung der Gewichtskraft des Hebels. Sie beträgt 6 N. Der Hebel besteht aus einem homogenen Material, d. h. sein Schwerpunkt liegt genau in der Hebelmitte.

9. Berechne Aufgabe 6 (Seite 14) unter Berücksichtigung der Gewichtskraft der Stange. Der Schwerpunkt liegt genau in der Mitte der als unendlich dünn gedachten Stange, ihre Gewichtskraft beträgt 80 N.

10. Eine Lore, die in einem Bergwerk zum Transport der abgebauten Kohle dient, ist mit den Vorderrädern entgleist. Die Lore hat eine Gewichtskraft von 12 kN. Sie ist 6 m lang, ihre beiden Achsen haben einen Abstand von 4 m und ihr Schwerpunkt liegt genau in der Mitte. Wie viele Männer, die jeder eine Kraft von 1,2 kN aufzubringen vermögen, müssen mindestens am vorderen Ende anheben, um die entgleiste Lore wieder auf die Schienen zu bringen?
Anmerkung: Die Lore ist aus Sicherheitsgründen abgebremst, das heißt beim Anheben am vorderen Ende dreht sie sich nicht um die Hinterachse sondern näherungsweise um eine Achse, die durch die Berührungspunkte zwischen Schiene und Hinterrädern festgelegt ist.

11. Ein zweiachsiger Wagen, dessen Achsabstand 8 m beträgt, wird nacheinander mit den Vorderrädern und mit den Hinterrädern auf eine Waage gefahren. Befinden sich die Vorderräder auf der Waage, so wird eine Gewichtskraft von 18 kN gemessen, befinden sich dagegen die Hinterräder auf der Waage, stellt man eine Gewichtskraft von 12 kN fest. Wo befindet sich der Schwerpunkt des Wagens?

12. Zwei Arbeiter tragen einen 8 m langen Dachbalken, der eine Gewichtskraft von 1,5 kN hat. Der Auflagepunkt des Balkens auf der Schulter des vorn gehenden Arbeiters liegt 50 cm vom vorderen Ende entfernt; der Auflagepunkt des Balkens auf der Schulter des hinten gehenden Arbeiters liegt 20 cm von hinteren Ende entfernt. Wie viel hat jeder der beiden Arbeiter zu tragen, wenn der Schwerpunkt des Balkens genau in der Mitte liegt?

D Schiefe Ebene

1 Schiefe Ebene ohne Reibung

Dass es auf einer schiefen Ebene bergab geht, das wissen die Schifahrer. Und dass es umso schneller bergab geht, je steiler die schiefe Ebene ist, das wissen sie auch.

Dass man auf einer schiefen Ebene leicht ausrutscht, das wissen schon die Kleinsten, wenn sie ihren Schlitten bergauf zum Startort der Rodelbahn gezogen haben. Wir alle wissen, dass die Gefahr des Ausrutschens umso größer ist, je steiler die schiefe Ebene ist.

Die Gewichtskraft F_G eines auf einer schiefen Ebene befindlichen Körpers lässt sich in zwei Teilkräfte zerlegen:

1. In eine **parallel zur schiefen Ebene** gerichtete Kraft, die den Körper den Hang hinunter treibt. Sie wird als **Hangabtriebskraft** bezeichnet und erhält das Symbol F_H;
2. In eine senkrecht zur schiefen Ebene gerichtete Kraft, die nichts zum Hangabtrieb beiträgt, sondern den Körper lediglich an den Hang presst. Sie wird als **Normalkraft** bezeichnet und erhält das Symbol F_N.

Es gilt: $\frac{h}{l} = \frac{F_H}{F_G}$

mit h Höhe der schiefen Ebene und

l Länge der schiefen Ebene.

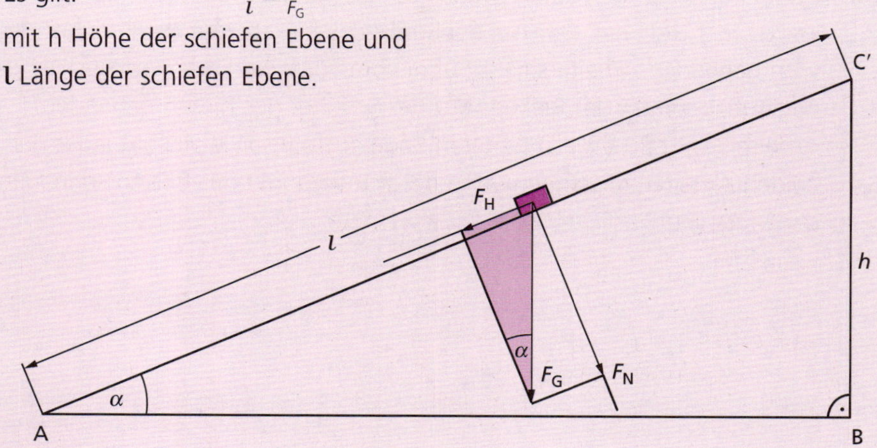

Der Bahndamm einer stillgelegten Nebenstrecke wird von den Kindern der Umgebung als ideale Rodelbahn benutzt. Aus 15 m Höhe rodeln sie über eine gleichmäßig geneigte Bahn von 25 m Länge in die Tiefe. Welche Hangabtriebskraft wirkt auf einen Rodelschlitten, der einschließlich der beiden darauf sitzenden Kinder eine Gewichtskraft von 880 N hat?

Gegeben: Höhe der schiefen Ebene: $h = 15\,\text{m}$
Länge der schiefen Ebene: $l = 25\,\text{m}$
Gewichtskraft: $F_G = 880\,\text{N}$

Gesucht: Hangabtriebskraft: F_H

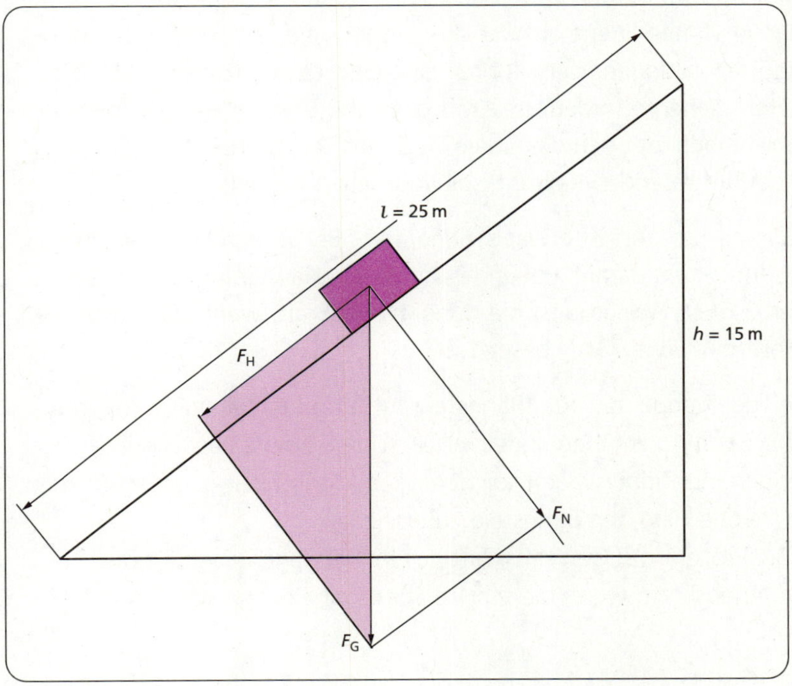

Lösung

Wir gehen aus von der Beziehung, $\frac{h}{l} = \frac{F_H}{F_G}$

lösen sie nach der gesuchten Hangabtriebskraft F_H auf, $F_H = \frac{h}{l} \cdot F_G$

setzen die gegebenen Größen ein, $F_H = \frac{15\,\text{m}}{25\,\text{m}} \cdot 880\,\text{N}$

führen die Zahlenrechnung durch, und kürzen die Einheiten soweit wie möglich. $F_H = \left(\frac{15 \cdot 880}{25}\right) \frac{\text{m} \cdot \text{N}}{\text{m}} = 528\,\text{N}$

Ergebnis: Die auf den Schlitten wirkende Hangabtriebskraft beträgt 528 N.

Aufgaben

1. Parallel zu einer Treppe, die auf ein 1,2 m hohes Podium führt, soll für Rollstuhlfahrer eine Rampe angelegt werden. Wie lang muss sie mindestens sein, wenn die Hangabtriebskraft höchstens 15 % der Gewichtskraft betragen soll?

2. Ein Handwagen hat eine Gewichtskraft von 1,2 kN. Welche hangaufwärts gerichtete Kraft ist erforderlich, um ihn auf einer 10 m langen und 2 m hohen schiefen Ebene am Herabrollen zu hindern?

3. Für den Transport zum Autohändler wird ein fabrikneuer Pkw über eine 8 m lange schiefe Ebene auf das obere Deck eines zweistöckigen Autotransporters gezogen. Der Pkw hat eine Gewichtskraft von 13 kN. Die zum Hochziehen erforderliche Kraft beträgt 3,9 kN. In welcher Höhe über der Straße befindet sich das obere Deck des Transporters?
(Von der auftretenden Reibung soll abgesehen werden.)

4. Die Garageneinfahrt ist etwas steil geraten. Bei seinem Leergewicht von 12 kN erfährt ein darauf stehendes Auto eine Hangabtriebskraft von stolzen 3,6 kN. Wie groß ist die Hangabtriebskraft, wenn das Auto mit vier Personen zu je 750 N besetzt ist?

5. Ein Teil der Treppe, die zum Bahnsteig führt und dabei einen Höhenunterschied von 4,2 m überwindet, ist als schiefe Ebene ausgebildet. Reisenden mit Kinderwagen soll damit die Möglichkeit gegeben werden, ohne fremde Hilfe den Bahnsteig zu erreichen.
Wie viel Prozent der Gewichtskraft des Kinderwagens beträgt die Hangabtriebskraft, wenn die schiefe Ebene eine Länge von 9,6 m hat?

2 Schiefe Ebene mit Reibung

Bisher haben wir von Reibungsvorgängen auf der schiefen Ebene abgesehen. Sie spielen aber beispielsweise beim Rodeln oder beim Schifahren eine wichtige Rolle. Nicht selten hängt der Sieg beim Abfahrtslauf von dem verwendeten Schiwachs ab, durch das die Reibung zwischen Schnee und Schiern verringert wird. Und die Pflege der Kufen beim Rennrodeln hat kein anderes Ziel, als die Reibung zwischen Kufe und Schnee so klein wie möglich zu machen.

Allgemein gilt: Die Reibungskraft F_R ist der Bewegungsrichtung entgegengesetzt.
Ihr Betrag ist gleich dem Produkt aus der materialabhängigen Reibungszahl μ und dem Betrag F_N der senkrecht zur geriebenen Fläche gerichteten Normalkraft $F_R = \mu \cdot F_N$

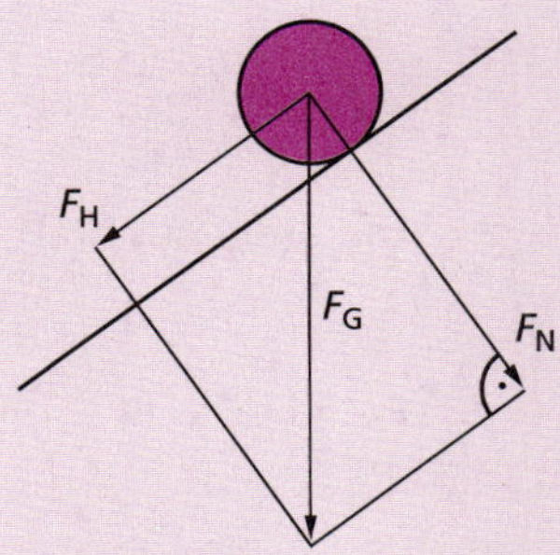

Bei der schiefen Ebene ist die Normalkraft senkrecht zur Hangabtriebskraft gerichtet.
Gemäß dem Satz des Pythagoras gilt zwischen der Gewichtskraft F_G, der Hangabtriebskraft F_H und der Normalkraft F_N die folgende Beziehung:

$$F_H^2 + F_N^2 = F_G^2 \text{ bzw. } F_N = \sqrt{F_G^2 - F_H^2}$$

Damit ergibt sich für die Reibungskraft auf der schiefen Ebene die Beziehung:

$$F_R = \mu \cdot \sqrt{F_G^2 - F_H^2}$$

Beispiel

Wie groß ist die Kraft, die einen Ziegelstein auf einer 5 m langen und 3 m hohen schiefen Ebene nach unten rutschen lässt, wenn die Gewichtskraft des Steines 50 N und die Gleitreibungszahl 0,7 beträgt?

Vorüberlegung: Die gesuchte Kraft verläuft längs der schiefen Ebene in Richtung der Hangabtriebskraft.
Ihr Betrag ist gleich der Differenz aus dem Betrag der nach unten gerichteten Hangabtriebskraft und der dazu entgegengesetzt gerichteten Reibungskraft.

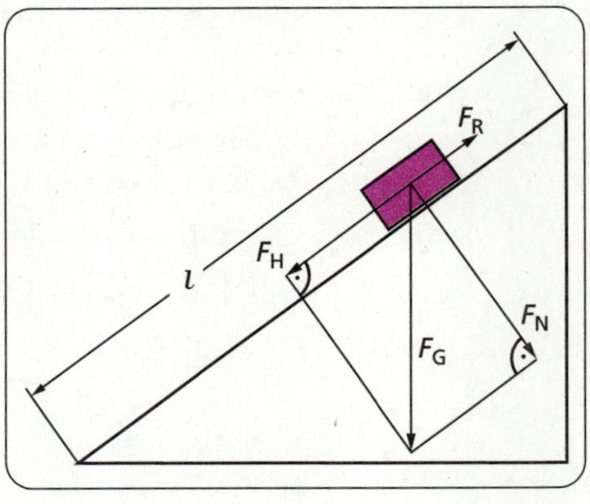

Gegeben: Länge der schiefen Ebene: $l = 5\,\mathrm{m}$
Höhe der schiefen Ebene: $h = 3\,\mathrm{m}$
Betrag der Gewichtskraft: $F_G = 50\,\mathrm{N}$
Gleitreibungszahl: $\mu = 0{,}7$

Gesucht: Differenz aus dem Betrag F_H der Hangabtriebskraft und dem Betrag F_R der Reibungskraft.

Lösung

1. Schritt: Berechnung der Hangabtriebskraft

$$\frac{h}{l} = \frac{F_H}{F_G} \Rightarrow F_H = \frac{h}{l} \cdot F_G = \frac{3}{5} \cdot 50\,\mathrm{N} = 30\,\mathrm{N}$$

2. Schritt: Berechnung der Reibungskraft

$$F_R = \mu \cdot \sqrt{F_G^2 - F_H^2} = 0{,}7\sqrt{(50\,\mathrm{N})^2 - (30\,\mathrm{N})^2} = 0{,}7 \cdot 40\,\mathrm{N} = 28\,\mathrm{N}$$

Antwort: Die gesuchte Kraft hat einen Betrag von $30\,\mathrm{N} - 28\,\mathrm{N} = 2\,\mathrm{N}$.

Aufgaben

6. Ein Holzklotz, dessen Gewichtskraft 13 N beträgt, liegt auf einer 5,2 m langen und 2 m hohen schiefen Ebene. Rutscht er nach unten, wenn die Haftreibungszahl 0,5 beträgt?

7. Die Zufahrt zur Berghütte erfolgt über eine gleichmäßig ansteigende Straße, die auf 300 m Länge einen Höhenunterschied von 36 m überwindet. Welche Kraft muss ein Pkw aufbringen, um mit gleich bleibender Geschwindigkeit zu der Hütte zu gelangen, wenn seine Gewichtskraft einschließlich der darin befindlichen Personen 14 kN und die Reibungszahl 0,05 beträgt?

8. Mit welcher Kraft muss der Pkw aus Aufgabe 7 abgebremst werden, wenn er auf der Heimfahrt dieselbe Straße mit gleich bleibender Geschwindigkeit bergab fahren soll?

9. Eine Kiste, deren Gewichtskraft 300 N beträgt, soll sich auf einer 4,7 m langen und 2,0 m hohen schiefen Ebene mit gleich bleibender Geschwindigkeit hangabwärts bewegen. Welche parallel zur schiefen Ebene wirkende Kraft ist dazu erforderlich, wenn die Reibungszahl 0,5 beträgt?

10. Bearbeite Aufgabe 9 für den Fall, dass die Reibungszahl 0,4 beträgt.

3 Berechnungen mithilfe der Winkelfunktionen

Berechnungen an der schiefen Ebene werden mithilfe der Winkelfunktionen deutlich einfacher, da nur noch bekannt sein muss, unter welchem Winkel die schiefe Ebene ansteigt. Weder ihre Länge noch ihre Höhe spielen dann bei der Berechnung eine Rolle.

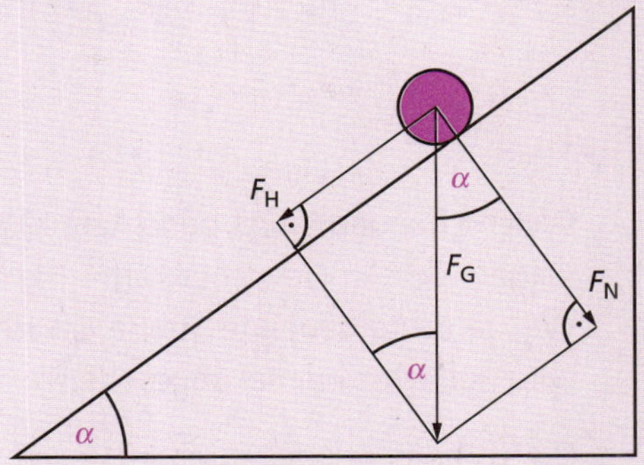

Es gilt:

$\sin\alpha = \frac{F_H}{F_G}$ und $\cos\alpha = \frac{F_N}{F_G}$

und damit ergeben sich die folgenden Beziehungen:

Für die Hangabtriebskraft gilt:	$F_H = F_G \sin\alpha$
Für die Normalkraft gilt:	$F_N = F_G \cos\alpha$
Für die Reibungskraft gilt:	$F_R = \mu \cdot F_N = \mu \cdot F_G \cdot \cos\alpha$

Beispiel

Eine Bergstraße steigt gleichmäßig unter einem Winkel von 35° an. Welche Hangabtriebskraft wirkt auf einen darauf befindlichen Mountainbiker, der samt seinem Rad eine Gewichtskraft von 830 N auf die Waage bringt?

Gegeben: Gewichtskraft: $F_G = 830\,\text{N}$
Anstiegswinkel: $\alpha = 35°$

Gesucht: Hangabtriebskraft: F_H

Lösung

$F_H = F_G \cdot \sin\alpha = 830\,\text{N} \cdot \sin 35° = 830\,\text{N} \cdot 0{,}5736 = 476\,\text{N}$

Ergebnis: Die Hangabtriebskraft beträgt 476 N.

Will man nun noch wissen, ob der Biker den Hang überhaupt bergaufwärts befahren kann, ohne dass sein Hinterrad durchdreht, dann muss man die zwischen Reifen und Straßenbelag auftretende Reibungskraft F_R berechnen. Setzt man die Reibungszahl $\mu = 0{,}6$, dann ergibt sich die folgende

Lösung

$F_R = \mu \cdot F_G \cdot \cos\alpha = 0{,}6 \cdot 830\,\text{N} \cdot \cos 35° = 408\,\text{N}.$

Die Reibungskraft ist mit 408 N kleiner ist als die zu überwindende Hangabtriebskraft von 476 N. Eine Fahrt bergauf ist also nicht möglich, weil das Hinterrad dabei durchdrehen würde. Aber auch von einer Fahrt bergab ist dringend abzuraten, da es aus demselben Grunde nicht möglich ist, das Rad bis zum Stillstand abzubremsen.

Aufgaben

11. Welche hangaufwärts gerichtete Kraft ist erforderlich, um einen Handwagen, dessen Gewichtskraft 1,6 kN beträgt, auf einer um 8° gegen die Waagerechte geneigte Straße am Herabrollen zu hindern? (Von Reibung wird zunächst einmal abgesehen!)

12. Die vorhergehende Aufgabe 11 soll nun unter Berücksichtigung der Haftreibung gelöst werden. Die Haftreibungszahl betrage 0,08.

13. Welcher Anstiegswinkel darf bei einer schiefen Ebene nicht überschritten werden, damit ein darauf befindlicher Körper bei einer Haftreibungszahl von 0,6 liegen bleibt, also nicht nach unten rutscht?

14. Welche Kraft ist erforderlich, um einen schwer beladenen Lastkraftwagen, dessen Gewichtskraft 120 kN beträgt, auf einer unter einem Winkel von 7° ansteigenden Straße mit gleich bleibender Geschwindigkeit aufwärts zu bewegen, wenn die Rollreibungszahl 0,05 beträgt?

15. Der in der vorhergehenden Aufgabe 14 beschriebene Lastkraftwagen kann eine vorwärts treibende Kraft von höchstens 30 kN aufbringen. Welchen Neigungswinkel darf unter diesen Umständen eine Straße höchstens haben, wenn sie für das Fahrzeug gerade noch befahrbar sein soll?

E Mechanische Arbeit

1 Hubarbeit

„Das war eine schwere Arbeit!“, sagte der Möbelpacker, nachdem er mit seinen Kollegen das Klavier in den 4. Stock transportiert hatte.
„Das war eine schwere Arbeit!“, sagte der Wissenschaftler, nachdem er das Manuskript zu seinem neuesten Buch fertig gestellt hatte.

Jeder versteht unter Arbeit etwas anderes. Gemeinsam ist ihnen nur, dass sie nach Verrichtung dessen, was sie als Arbeit bezeichnen, erschöpft sind.
Damit kann der Physiker allerdings nichts anfangen. Erschöpfung kann man nicht messen. Physikalische Größen haben aber nur dann einen Sinn, wenn man sie eindeutig messen kann. Damit hat aber der Wissenschaftler schlechte Karten. Seine Art von „Arbeit“ kann man nicht messen. Sie kann also nicht Grundlage eines physikalischen Arbeitsbegriffs sein. Die „Arbeit“ der Möbelpacker dagegen kann man messen. Man kann das Klavier mit einer Waage wiegen und die Höhe, in die es gebracht wurde, mit einem Maßstab abmessen.

Allgemein hat man in der Physik festgelegt: Die Arbeit W ist gleich dem Produkt aus einer Kraft F und der gegen die Kraft zurückgelegte Wegstrecke s, also $W = F \cdot s$, wobei Kraftrichtung und Wegrichtung parallel sein müssen.

Die Einheit der Arbeit ist: $1\,\mathrm{N \cdot m} = 1\,\mathrm{J}$.

Eine spezielle Art der mechanischen Arbeit ist die **Hubarbeit**. Darunter versteht man die Arbeit, die erforderlich ist, um einen Körper der Gewichtskraft F_G in die Höhe h über seiner Ausgangslage zu bringen.

Für sie gilt: $W_{Hub} = F_G \cdot h = m \cdot g \cdot h$

Setzt man dabei die Masse m in der Einheit Kilogramm (kg), den Ortsfaktor g in der Einheit $\frac{\text{Newton}}{\text{Kilogramm}} \left(\frac{\mathrm{N}}{\mathrm{kg}}\right)$ und die Höhe h in der Einheit Meter (m) ein, dann erhält man die Hubarbeit in der Einheit Joule (J).

Tipp

Die Hubarbeit W_{Hub} ist unabhängig davon, auf welchem Wege man den Höhenunterschied h überwindet, ob direkt oder über eine schiefe Ebene oder über eine Treppe oder über eine Serpentinenstraße oder wie auch immer.

Beispiel

Wie groß ist die Arbeit, die verrichtet wird, wenn eine Last von 280 kg 24 m hoch gehoben wird?

Gegeben: Masse der Last: $m = 280\,\text{kg}$
zu überwindende Höhe: $h = 24\,\text{m}$
Ortsfaktor: $g = 9{,}81\,\frac{\text{N}}{\text{kg}}$

Gesucht: Arbeit: W

Lösung

Wir gehen aus von der Formel für die Hubarbeit, $W = m \cdot g \cdot h$

setzen die gegebenen Größen ein, $W = 280\,\text{kg} \cdot 9{,}81\,\frac{\text{N}}{\text{kg}} \cdot 24\,\text{m}$

führen die Zahlenrechnung durch und schreiben die Einheiten dahinter, $W = (280 \cdot 9{,}81 \cdot 24)\,\text{kg} \cdot \frac{\text{N}}{\text{kg}} \cdot \text{m}$

bringen die Einheiten auf einen gemeinsamen Bruchstrich und kürzen sie $W = 65\,923{,}2\,\frac{\text{kg} \cdot \text{N} \cdot \text{m}}{\text{kg}}$

und verwenden schließlich für die Einheit 1 N · m die Bezeichnung 1 J. $W = 65\,923{,}2\,\text{N} \cdot \text{m} = 65\,923{,}2\,\text{J}$

Ergebnis: Es wird eine Arbeit von rund 66 kJ verrichtet.

Aufgaben

Bei den nun folgenden Übungen soll mit dem Ortsfaktor $g = 10\,\frac{\text{N}}{\text{kg}}$ gerechnet werden.

1. Um seinen Body zu „builden" quält sich ein körperbewusster Typ im Fitness-Studio mit zwei je 12 kg schweren Hanteln ab. 125-mal stemmt er sie jeweils 60 cm senkrecht nach oben. Wie groß ist die Arbeit, die er dabei verrichtet?

2. Eine 100-g-Tafel Schokolade hat einen Nährwert von rund 2100 kJ. Wie viele Klimmzüge, bei denen er jeweils seinen Körperschwerpunkt um 40 cm hebt, müsste ein 70 kg schwerer Mann machen, um diese 2100 kJ abzuarbeiten?

3. 12 Ziegelsteine liegen auf dem Boden herum. Jeder von ihnen hat eine Masse von 3,5 kg und eine Höhe von 7 cm. Wie groß ist die Arbeit, die erforderlich ist, um diese 12 Steine aufeinander zu schichten?

4. 3600 kJ an mechanischer Arbeit und damit die entsprechende Menge an elektrischer Energie könnte man pro Jahr einsparen, wenn man die Hebebühne des Lastenaufzugs durch einen geeigneten Umbau um 5 kg leichter macht. Das jedenfalls behauptet der Chef des Lagerhauses und geht bei seiner Rechnung davon aus, dass der Aufzug im Jahr 10 000-mal benutzt wird. Welche Hubhöhe hat der Aufzug?

5. Beim Seilklettern in der Schulturnhalle werden zwei Möglichkeiten angeboten. Zum einen kann man sich, wie das so üblich ist, an einem von der Hallendecke herabhängenden Seil mühsam nach oben hangeln. Zum anderen kann man ein Seil verwenden, das über eine an der Hallendecke befestigte Rolle geführt wird. Das eine Seilende bindet man sich um den Bauch, an dem anderen zieht man sich sozusagen selbst in die Höhe. Welche der folgenden Aussagen sind wahr? (Seilgewicht und Reibung bleiben unberücksichtigt.)

a) In beiden Fällen braucht man die gleiche Kraft.
b) Bei dem über die Rolle geführten Seil braucht man eine größere Kraft.
c) Bei dem über die Rolle geführten Seil kommt man mit einer kleineren Kraft aus.
d) In beiden Fällen wird eine gleich große Arbeit verrichtet.
e) Bei dem über die Rolle geführten Seil ist eine größere Arbeit erforderlich.
f) Bei dem über die Rolle geführten Seil ist eine kleinere Arbeit erforderlich.

6. Schwitzend und leise vor sich hin stöhnend hält ein Messdiener während eines 20-minütigen Gottesdienstes einen 2,5 kg schweren Kerzenleuchter unbeweglich vor sich in einer Höhe von 0,55 m über dem Fußboden. Wie groß ist die dabei von ihm verrichtete Arbeit?

2 Reibungsarbeit

Als **Reibungsarbeit** bezeichnet man diejenige Arbeit, die erforderlich ist, um einen Körper entgegen der Reibungskraft in einer Bewegung mit gleich bleibender Geschwindigkeit zu halten. Reibungsarbeit wird beispielsweise verrichtet, wenn sich ein Inlineskater mit konstanter Geschwindigkeit auf einer ebenen Bahn bewegt oder wenn ein Auto mit konstanter Geschwindigkeit auf einer ebenen Straße fährt oder wenn man einen Schlitten mit konstanter Geschwindigkeit über eine ebene Fläche zieht.

Bezeichnet man den Betrag der Reibungskraft mit F_R und die Länge des Weges, den man gegen diese Reibungskraft zurücklegt mit s, dann gilt für die Reibungsarbeit: $W_{Reib} = F_R \cdot s = \mu \cdot F_N \cdot s$.

Beispiel

Wie groß ist die Arbeit, die erforderlich ist, um eine 200 kg schwere Kiste auf waagerechter Unterlage 5 m weit zu verschieben, wenn die Gleitreibungszahl 0,4 ist?

Gegeben: Masse der Kiste: $m = 200\,\text{kg}$
Ortsfaktor: $g = 10\,\frac{\text{N}}{\text{kg}}$
zurückgelegter Weg: $s = 5\,\text{m}$
Gleitreibungszahl: $\mu = 0{,}4$

Gesucht: Arbeit: W

Lösung

Die Reibungsarbeit ist gleich dem Produkt aus Reibungskraft F_R und dem gegen die Reibungskraft zurückgelegtem Weg s.

$$W = F_R \cdot s$$

Die Reibungskraft F_R ist gleich dem Produkt aus Reibungszahl μ und Normalkraft F_N.

$$F_R = \mu \cdot F_N$$

$$W = \mu \cdot F_N \cdot s$$

Die Normalkraft F_N ist gleich der Gewichtskraft F_G.

$$F_N = F_G$$

$$W = \mu \cdot F_G \cdot s$$

Die Gewichtskraft F_G ist gleich dem Produkt aus Masse m und Ortsfaktor g.

$$F_G = m \cdot g$$

$$W = \mu \cdot m \cdot g \cdot s$$

Wir setzen die gegebenen Größen ein, $W = 0{,}4 \cdot 200\,\text{kg} \cdot 10\,\frac{\text{N}}{\text{kg}} \cdot 5\,\text{m}$

führen die Zahlenrechnung durch, schreiben die Einheiten auf einen gemeinsamen Bruchstrich $W = (0{,}4 \cdot 200 \cdot 10 \cdot 5)\,\frac{\text{kg} \cdot \text{N} \cdot \text{m}}{\text{kg}}$

und kürzen soweit wie möglich. $W = 4000\,\text{N} \cdot \text{m} = 4000\,\text{J}$

Antwort: Zum Verschieben der Kiste ist eine Arbeit von 4 kJ erforderlich.

Aufgaben

7. Eine Holzkiste hat eine Gewichtskraft von 360 N. Sie soll auf einer waagerechten Unterlage 25 m weit gezogen werden. Wie groß ist die dazu erforderliche Arbeit, wenn die Reibungszahl 0,6 beträgt?

8. Wie groß ist die Arbeit, wenn die Kiste der vorhergehenden Aufgabe 7 bei gleicher Reibungszahl längs einer 25 m langen und 7 m hohen Rampe aufwärts gezogen wird?

9. Wie groß ist die Arbeit, wenn die Kiste der vorstehenden Aufgabe 8 über die Rampe nach unten gezogen wird?

10. Ein Schlitten mit einer Gewichtskraft von 88 N wird auf einem gleichmäßig unter einem Winkel von 12° ansteigenden Gebirgsweg 1,2 km weit bergauf gezogen. Wie groß ist die dafür erforderliche Arbeit, wenn die Reibungszahl 0,15 beträgt?

3 Spannarbeit

Als **Spannarbeit** bezeichnet man diejenige Arbeit, die erforderlich ist, um eine Feder, die dem Hooke'schen Gesetz gehorcht, zu dehnen bzw. zusammenzudrücken.

Für sie gilt: $W_{\text{Spann}} = \frac{1}{2} \cdot D \cdot s^2$

worin D die Federkonstante und s der beim Spannen oder Zusammendrücken gegen die Federkraft zurückgelegte Weg ist.

Beispiel

Beim Spannen muss die Feder einer Federpistole um 12 cm zusammengedrückt werden. Wie groß ist die dazu erforderliche Arbeit, wenn die Federkonstante $125\,\frac{\text{N}}{\text{cm}}$ beträgt?

Gegeben: Beim Spannen zurückgelegter Weg: $s = 12\,\text{cm} = 0{,}12\,\text{m}$

Federkonstante: $D = 125\,\frac{\text{N}}{\text{cm}} = 12\,500\,\frac{\text{N}}{\text{m}}$

Gesucht: Arbeit: W

Lösung

Wir gehen aus von der Formel für die Spannarbeit, $W = \frac{1}{2} \cdot D \cdot s^2$

setzen die gegebenen Größen ein, $W = \frac{1}{2} \cdot 12\,500\,\frac{\text{N}}{\text{m}} \cdot (0{,}12\,\text{m})^2$

führen die Zahlenrechnung durch und schreiben die Einheiten dahinter, $W = \left(\frac{1}{2} \cdot 12\,500 \cdot 0{,}12^2\right)\frac{\text{N}}{\text{m}} \cdot \text{m}^2$

bringen die Einheiten auf einen gemeinsamen Bruchstrich, kürzen soweit wie möglich $W = 90\,\frac{\text{N} \cdot \text{m}^2}{\text{m}} = 90\,\text{N} \cdot \text{m}$

und verwenden schließlich für die Einheit $1\,\text{N} \cdot \text{m}$ die Bezeichnung 1 J. $W = 90\,\text{J}$

Ergebnis: Zum Spannen der Feder ist eine Arbeit von 90 J erforderlich.

Aufgaben

Die in den folgenden Aufgaben auftretenden Expander sollen dem Hooke'schen Gesetz gehorchen. Die Dehnung erfolgt dabei stets aus dem völlig entspannten Zustand des Expanders heraus.

11. Um einen Expander um 80 cm zu dehnen, ist eine Arbeit von 80 J erforderlich. Wie groß ist die Federkonstante des Expanders?

12. Ein Sportler dehnt beim morgendlichen Fitnesstraining seinen Expander 50-mal um 120 cm. Wie groß ist die Arbeit, die er dabei verrichtet, wenn das Martergerät eine Federkonstante von $5 \frac{N}{cm}$ hat?

13. Ein Sportler hat seinen Expander unter Aufwendung einer Kraft von 420 N um 80 cm ausgedehnt. Welche Arbeit hat er dabei verrichtet?

14. Unter Aufwendung einer Kraft von 360 N hat ein Sportler seinen Expander soweit gedehnt, wie seine Arme reichen. Wie groß ist die dazu erforderliche Arbeit, wenn die Federkonstante des Expanders $450 \frac{N}{m}$ beträgt?

15. Unter dem Einfluss einer Kraft von 250 N lässt sich ein Expander um 40 cm dehnen. Welche Arbeit ist erforderlich, wenn man ihn um 1,2 m dehnen will?

16. Eine Schraubenfeder ist durch eine Kraft von 50 N vorgespannt. Durch eine zusätzliche Kraft von 80 N wird sie um 20 cm verlängert. Wie groß ist die für diese Verlängerung erforderliche Arbeit?

4 Beschleunigungsarbeit

Um einen Körper, also beispielsweise eine Rakete im Weltall, auf eine höhere Geschwindigkeit zu bringen, muss Arbeit verrichtet werden. Diese so genannte Beschleunigungsabeit ist umso größer, je größer die Masse der Rakete und die angestrebte Geschwindigkeitszunahme sind.

Für die **Beschleunigungsarbeit** W_B, die an einem Körper der Masse m verrichtet werden muss, um ihn aus der Ruhe heraus auf die Geschwindigkeit v zu bringen gilt: $W_B = \frac{1}{2} \cdot m \cdot v^2$

Setzt man die Masse in der Einheit 1 Kilogramm (1 kg) und die Geschwindigkeit in der Einheit $1 \frac{\text{Meter}}{\text{Sekunde}} \left(1 \frac{\text{m}}{\text{s}}\right)$ ein, dann erhält man die Beschleunigungsarbeit in der Einheit $1 \frac{\text{kg} \cdot \text{m}^2}{\text{s}^2}$

Wegen $1\,\text{N} = 1\,\text{kg} \cdot \frac{\text{m}}{\text{s}^2}$ gilt: $1 \frac{\text{kg} \cdot \text{m}^2}{\text{s}^2} = 1\,\text{N} \cdot \text{m} = 1\,\text{J}$

Tipp Nur wenn man die Geschwindigkeit v in der Einheit $\frac{\text{m}}{\text{s}}$ einsetzt, erhält man die Beschleunigungsarbeit in der Einheit Joule. Ist die Geschwindigkeit in der oft üblichen Einheit $\frac{\text{km}}{\text{h}}$ angegeben, muss sie zuerst in die Einheit $\frac{\text{m}}{\text{s}}$ gebracht werden. Dabei gilt: $1 \frac{\text{km}}{\text{h}} = \frac{1}{3{,}6} \cdot \frac{\text{m}}{\text{s}}$.
Die Masse m muss unbedingt in der Einheit kg eingesetzt werden!

Beispiel Wie groß ist die Arbeit, die verrichtet werden muss, um ein vollbesetztes Auto mit einer Masse von 1,7 t aus dem Stand heraus auf eine Geschwindigkeit von $130 \frac{\text{km}}{\text{h}}$ zu bringen? (Von Reibungsvorgängen wird abgesehen!)

Gegeben: Masse: $m = 1{,}7\,\text{t} = 1700\,\text{kg}$

Geschwindigkeit: $v = 130 \frac{\text{km}}{\text{h}} = \frac{130}{3{,}6} \frac{\text{m}}{\text{s}}$

Gesucht: Beschleunigungsarbeit: W

Lösung

Wir gehen aus von der Formel für die Beschleunigungsarbeit, $W = \frac{1}{2} \cdot m \cdot v^2$

setzen die gegebenen Größen ein, $W = \frac{1}{2} \cdot 1700\,\text{kg} \cdot \left(\frac{130}{3{,}6} \frac{\text{m}}{\text{s}}\right)^2$

führen die Zahlenrechnung durch $W = \left(\frac{1}{2} \cdot 1700 \cdot \left(\frac{130}{3{,}6}\right)^2\right) \frac{\text{kg} \cdot \text{m}^2}{\text{s}^2}$

und verwenden für die auftretende Einheit $1 \frac{\text{kg} \cdot \text{m}^2}{\text{s}^2}$ die Bezeichnung 1 J. $W = 1\,108\,410\,\text{J}$

Ergebnis: Um das Auto aus der Ruhe auf eine Geschwindigkeit von $130\,\frac{\text{km}}{\text{h}}$ zu bringen ist eine Beschleunigungsarbeit von rund 1110 kJ erforderlich.

Damit lässt sich nun auch noch ausrechnen, welche konstante Kraft F der Motor während der Beschleunigungsphase auf die Räder bringen muss, wenn die Endgeschwindigkeit von $130\,\frac{\text{km}}{\text{h}}$ nach Durchfahren einer Strecke von $s = 200\,\text{m}$ erreicht sein soll.

Dazu setzen wir in die Definitionsgleichung $W = F \cdot s$ der Arbeit für W die errechnete Arbeit und für s die Beschleunigungsstrecke ein und lösen nach der gesuchten (konstanten) Kraft F auf:

$$F = \frac{1\,110\,000\,\text{J}}{200\,\text{m}} = \left(\frac{1\,110\,000}{200}\right)\frac{\text{J}}{\text{m}} = 5550\,\frac{\text{N}\cdot\text{m}}{\text{m}} = 5550\,\text{N}$$

Ergebnis: Um das Auto auf einer Strecke von 200 m von 0 auf $130\,\frac{\text{km}}{\text{h}}$ zu beschleunigen muss der Motor eine konstante Kraft von 5550 N auf die Antriebsräder bringen.

Aufgaben

Bei den nun folgenden Aufgaben soll von jeglicher Reibung abgesehen werden.

17. Welche Arbeit ist erforderlich, um einen Tennisball von 58 g Masse aus der Ruhe heraus auf eine Geschwindigkeit von $90\,\frac{\text{km}}{\text{h}}$ zu bringen?

18. Um ein Auto von 0 auf $50\,\frac{\text{km}}{\text{h}}$ zu beschleunigen, ist eine Arbeit von 125 kJ erforderlich. Welche Masse hat das Auto?

19. Welche Arbeit ist erforderlich, um das Auto aus der vorhergehenden Aufgabe 18 von $100\,\frac{\text{km}}{\text{h}}$ auf $150\,\frac{\text{km}}{\text{h}}$ zu beschleunigen?

20. Ein Pkw hat einschließlich der Insassen eine Masse von 1375 kg. Er wird aus dem Stand heraus beschleunigt und erreicht nach einer Strecke von 256 m die Autobahn-Richtgeschwindigkeit von $130\,\frac{\text{km}}{\text{h}}$. Wie groß ist die als konstant angenommene Kraft, die der Motor während dieser Beschleunigungsphase auf die Antriebsräder ausübt?

21. Der Motor eines Autos bringt beim Anfahren eine gleich bleibende Kraft von 3,6 kN auf die Räder. Welche Geschwindigkeit hat das Auto nach 120 m Fahrt erreicht, wenn seine Masse 960 kg beträgt?

22. Welche Geschwindigkeit erreicht ein 48 g schwerer Ball, wenn er mit einem Arbeitsaufwand von 9,6 J aus der Ruhe heraus beschleunigt wird?

F Leistung

Der rasante Sportwagen „Granata mortale" und die behäbige Familienkutsche „Plazda di Massa", beide samt Insassen 1200 kg schwer, stehen nebeneinander im Stau auf der Autobahn. Nach Freigabe der Strecke bringen beide Fahrer ihren Wagen mit Vollgas auf eine Geschwindigkeit von $144\,\frac{\text{km}}{\text{h}} = \frac{144}{3{,}6}\,\frac{\text{m}}{\text{s}} = 40\,\frac{\text{m}}{\text{s}}$.
Die dazu erforderliche Arbeit ist für beide Wagen gleichgroß. Sie beträgt:

$W = \frac{1}{2} \cdot m \cdot v^2 = \frac{1}{2} \cdot 1200\,\text{kg} \cdot \left(40\,\frac{\text{m}}{\text{s}}\right)^2 = 960\,000\,\text{J}$

Darin besteht also kein Unterschied zwischen den beiden Wagen, wohl aber in der Zeitdauer, die sie benötigen, um diese Geschwindigkeit zu erreichen.
Der Sportwagen erreicht die Endgeschwindigkeit von $144\,\frac{\text{km}}{\text{h}}$ bereits nach 8 Sekunden, die Familienkutsche dagegen erst nach 16 Sekunden.

Natürlich wollen die Autohersteller diesen Unterschied für ihre Werbung nutzbar machen. Sie verwenden dazu den Begriff der Leistung und sagen:
„Die Leistung des Sportwagens ist doppelt so groß, wie die Leistung der Familienkutsche."
Mit anderen Worten:
Ein Auto, das die gleiche Arbeit in der halben Zeit verrichtet, erbringt eine doppelt so große Leistung.
oder
Ein Auto, das für die gleiche Arbeit die doppelte Zeitdauer benötigt, erbringt nur eine halb so große Leistung.

Die Physiker verwenden den Begriff der **Leistung** schon viel länger als die Autohersteller und haben ihn als Quotient aus der Arbeit und der dazu erforderlichen Zeit definiert:

$$\text{Leistung} = \frac{\text{Arbeit}}{\text{Zeit}} \quad \text{bzw.} \quad P = \frac{W}{t}$$

Einheit der Leistung: $1\,\frac{\text{Joule}}{\text{Sekunde}} = 1\,\text{Watt}\ \left(1\,\frac{\text{J}}{\text{s}} = 1\,\text{W}\right)$

Beispiel 1

Wie groß ist die Leistung, die ein Kran aufbringen muss, wenn mit seiner Hilfe eine Last von 2,35 Tonnen innerhalb von 15 Sekunden 18 Meter hoch gehoben werden soll?

Gegeben: Masse der Last: $m = 2{,}35\,t = 2350\,kg$

Ortsfaktor: $g = 10\,\frac{N}{kg}$

Höhenunterschied: $h = 18\,m$

Zeitdauer: $t = 15\,s$

Gesucht: Leistung: P

Lösung

Wir gehen aus von der Definition der Leistung, $P = \frac{W}{t}$

setzen für W die Hubarbeit ein, $P = \frac{m \cdot g \cdot h}{t}$

setzen die gegebenen Größen ein, $P = \frac{2350\,kg \cdot 10\frac{N}{kg} \cdot 18\,m}{15\,s}$

führen die Zahlenrechnung durch und schreiben die Einheiten dahinter, $P = \left(\frac{2350 \cdot 10 \cdot 18}{15}\right) \frac{kg \cdot \frac{N}{kg} \cdot m}{s}$

bringen die Einheiten auf einen gemeinsamen Bruchstrich und kürzen soweit wie möglich $P = 28\,200\,\frac{kg \cdot N \cdot m}{kg \cdot s}$

und erinnern uns schließlich, dass

$1\,\frac{N \cdot m}{s} = 1\,\frac{J}{s} = 1\,W$ gilt. $P = 28\,200\,\frac{N \cdot m}{s} = 28\,200\,\frac{J}{s} = 28\,200\,W$

Ergebnis: Der Kran muss eine Leistung von 28,2 kW erbringen.

Beispiel 2

Welche Leistung muss ein Automotor aufbringen, um einen 1250 kg schweren Pkw in 12 Sekunden aus dem Stand auf eine Geschwindigkeit von $100\,\frac{km}{h}$ zu bringen? (Von Reibungsvorgängen wird abgesehen!)

Gegeben: Masse des Pkw: $m = 1250\,kg$

Zeitdauer: $t = 12\,s$

Endgeschwindigkeit: $v = 100\,\frac{km}{h} = \frac{100}{3{,}6}\,\frac{m}{s}$

Gesucht: Leistung: P

Lösung

Wir gehen aus von der Definition der Leistung, $P = \frac{W}{t}$

setzen für W die Beschleunigungsarbeit $W = \frac{m}{2} \cdot v^2$ ein, $P = \frac{\frac{m}{2} \cdot v^2}{t} = \frac{m \cdot v^2}{2 \cdot t}$

setzen die gegebenen Größen ein, $P = \frac{1250\,\text{kg} \cdot \left(\frac{100}{3{,}6}\,\frac{\text{m}}{\text{s}}\right)^2}{2 \cdot 12\,\text{s}}$

führen die Zahlenrechnung durch und schreiben die Einheiten dahinter. $P = \left(\frac{1250\left(\frac{100}{3{,}6}\right)^2}{2 \cdot 12}\right) \frac{\text{kg} \cdot \frac{\text{m}^2}{\text{s}^2}}{\text{s}}$

Wir erinnern uns, dass $1\,\frac{\text{kg} \cdot \text{m}^2}{\text{s}^2}$ nur eine andere Bezeichnung für 1 J ist, $P = 40\,188\,\frac{\text{J}}{\text{s}}$

und ersetzen schließlich die Bezeichnung $\frac{\text{J}}{\text{s}}$ durch W. $P = 40\,188\,\text{W}$

Ergebnis: Der Automotor muss eine Leistung von rund 40 kW aufbringen.

Aufgaben

1. Wie groß ist die Leistung einer Wasserpumpe, die in 3,5 Minuten 120 m³ Wasser aus einem 14 m tiefen Brunnen fördert? $\left(\text{Ortsfaktor } g = 10\,\frac{\text{N}}{\text{kg}}\right)$.

2. Ein Feuerwehrmann hat einschließlich Uniform und Helm eine Gewichtskraft von 820 N. Er hastet mit einem tragbaren Feuerlöscher, dessen Gewichtskraft 120 N beträgt, zur Brandstelle im 6. Stock eines Hauses, 24 m über dem Erdboden. Wie groß ist seine Leistung, wenn er den Höhenunterschied in 80 Sekunden überwindet?

3. Welche Leistung vollbringt ein Hochspringer, dessen Gewichtskraft 750 N beträgt, wenn er beim Sprung den Schwerpunkt seines Körpers um 60 cm hebt und seine Muskeln dabei 0,2 Sekunden in Aktion sind?

4. Eine Wasserpumpe hat eine Leistung von 250 kW. Wie viel Wasser kann man mit ihr in acht Stunden aus einem 12 m tiefen Brunnen fördern
a) in Mitteleuropa $\left(\text{Ortsfaktor } 9{,}81\,\frac{\text{N}}{\text{kg}}\right)$,
b) am Äquator $\left(\text{Ortsfaktor } 9{,}78\,\frac{\text{N}}{\text{kg}}\right)$?

5. Ein Sportler dehnt beim morgendlichen Fitnesstraining seinen Expander innerhalb von 75 Sekunden 50-mal aus dem völlig entspannten Zustand heraus um 120 cm. Wie groß ist seine Leistung, wenn der Expander dem Hooke'schen Gesetz gehorcht und die Federkonstante $5\,\frac{\text{N}}{\text{cm}}$ beträgt?

6. Ein Pkw hat einschließlich der Insassen eine Masse von 1375 kg. Wie lange dauert es, ihn aus dem Stand heraus auf die Autobahn-Richtgeschwindigkeit von $130\,\frac{km}{h}$ zu beschleunigen, wenn sein Motor dabei eine Leistung von 62 kW auf die Räder bringt? (Von Reibungsvorgängen wird abgesehen!)

7. Eine Lokomotive, deren Masse 100 t beträgt, zieht 24 Kesselwagen von je 45 t Masse mit konstanter Geschwindigkeit über eine ebene Strecke von 15 km Länge. Wie lange braucht sie dazu, wenn sie eine Leistung von 2000 kW auf die Antriebsräder bringt und die Rollreibungszahl 0,005 beträgt. $\left(\text{Von der zusätzlich noch auftretenden Luftreibung wird abgesehen; Ortsfaktor } g = 10\,\frac{N}{kg}\right)$

8. Ein Rennwagen durchrast eine ebene Strecke mit einer Geschwindigkeit von $330\,\frac{km}{h}$. Er muss bei dieser Geschwindigkeit eine Reibungskraft von insgesamt 3,7 kN überwinden. Welche Leistung bringt der Motor auf die Räder?

9. Der Motor eines Sportflugzeuges bringt eine Leistung von 90 kW auf den Propeller. Bei der im Betriebshandbuch angegebenen für den Horizontalflug geltenden Reisegeschwindigkeit beträgt der zu überwindende Luftwiderstand 1,5 kN. Wie hoch ist die Reisegeschwindigkeit?

10. Ein Motorrad hat einschließlich Fahrer eine Masse von 750 kg. Der Motor bringt eine Leistung von 55 kW auf das Hinterrad. Wie lange dauert es, bis die Maschine aus dem Stand heraus eine Geschwindigkeit von $100\,\frac{km}{h}$ erreicht hat? (Von Reibungsvorgängen wird abgesehen!)

11. Eine kümmerliche Arbeit von lediglich 168 J entschied über Sieg oder Niederlage. Mit dieser Arbeit brachte der Elfmeterschütze den Ball auf eine Geschwindigkeit von $100\,\frac{km}{h}$ und ließ den Torwart alt aussehen. Wie groß war die Masse des Balls?

12. Kümmerlich war nur die Arbeit des Elfmeterschützen der vorhergehenden Aufgabe 11. Seine Leistung hingegen war mit 1,4 kW rekordverdächtig hoch. Wie lange hatte er beim Schuss Kontakt mit dem Ball?

G Energie

1 Die mechanischen Energiearten

Energie ist eines der am häufigsten verwendeten Wörter unserer Zeit. Kaum eine Zeitung, in der nicht täglich irgendetwas von Energie steht.

Da ist von der Energiewirtschaft die Rede,
oder von Problemen der Energieversorgung,
oder vom Ausstieg aus der Atomenergie,
oder von Energiesparhäusern,
oder von der Verteuerung bzw.
Verknappung der Energie,
oder von den verschiedenen Energieträgern,
oder von erneuerbarer Energie.

Was aber mit dem Begriff Energie gemeint ist, ist vielen unklar.

Dabei ist die Sache doch ganz einfach: Energie ist gespeicherte Arbeit. Und weil das so ist, hat Energie auch dieselbe Einheit („Joule") und dasselbe Formelzeichen („*W*") wie die Arbeit.

Ein Körper, an dem wir **Hubarbeit** verrichten, speichert diese Arbeit als **Höhenenergie**.

Hubarbeit = $m \cdot g \cdot h$ Höhenenergie = $m \cdot g \cdot h$

Eine Feder, an der wir **Spannarbeit** verrichten, speichert diese Arbeit als **Spannenergie**.

Spannarbeit = $\frac{1}{2} \cdot D \cdot s^2$ Spannenergie = $\frac{1}{2} \cdot D \cdot s^2$

Ein Körper, an dem wir **Beschleunigungsarbeit** verrichten, speichert diese Arbeit als **Bewegungsenergie**.

Beschleunigungsarbeit = $\frac{m}{2} \cdot v^2$ Bewegungsenergie = $\frac{m}{2} \cdot v^2$

Ein Körper aber, an dem wir Reibungsarbeit verrichten, speichert diese Arbeit nicht, sondern verwendet sie, um seine Temperatur zu erhöhen.

Beispiel

Wie groß ist die Höhenenergie, die ein 78 kg schwerer Besucher auf der Aussichtsplattform des Leipziger Völkerschlachtdenkmals gegenüber dem 90 m unterhalb davon gelegenen Haupteingang hat?

Gegeben: Masse des Besuchers: $m = 78\,\text{kg}$
Höhe über dem Eingang: $h = 90\,\text{m}$
Ortsfaktor: $g = 10\,\frac{\text{N}}{\text{kg}}$

Gesucht: Höhenenergie: W_H

Lösung

Die gesuchte Höhenenergie ist genau so groß, wie die Hubarbeit, die erforderlich ist, um den Besucher vom Haupteingang auf die 90 m darüber liegende Aussichtsplattform zu bringen.

Höhenenergie = Hubarbeit

$$W_\text{H} = m \cdot g \cdot h$$

Wir setzen die gegebenen Größen ein,

$$W_\text{H} = 78\,\text{kg} \cdot 10\,\frac{\text{N}}{\text{kg}} \cdot 90\,\text{m}$$

führen die Zahlenrechnung durch und fassen die Einheiten zusammen. ($1\,\text{J} = 1\,\text{N} \cdot \text{m}$)

$$W_\text{H} = (78 \cdot 10 \cdot 90)\,\frac{\text{kg} \cdot \text{N} \cdot \text{m}}{\text{kg}}$$

$$W_\text{H} = 70\,200\,\text{N} \cdot \text{m} = 70\,200\,\text{J}$$

Antwort: Der Besucher hat im Bezug auf den Haupteingang eine Höhenenergie von 70,2 kJ.

Tipp

Die Höhenenergie muss immer auf ein bestimmtes Niveau bezogen werden. Im vorliegenden Beispiel war es die Höhe des Haupteingangs. Bei einem Flugzeug könnte man beispielsweise die Höhenenergie auf die Meereshöhe oder auf die Höhe der Start- oder Landebahn beziehen.

Aufgaben

1. Das „Uhrgewicht" einer Pendeluhr hat eine Masse von 1,2 kg. Es befindet sich 1,25 m über seiner tiefstmöglichen Lage. Wie groß ist die Energie, die damit zum Betreiben der Uhr zur Verfügung steht? (Ortsfaktor: $g = 10\,\frac{\text{N}}{\text{kg}}$)

2. Wie groß ist die Bewegungsenergie eines mit einer Geschwindigkeit von $80\,\frac{\text{km}}{\text{h}}$ fahrenden Lkw, dessen Gesamtmasse 28 t beträgt?

3. Wie groß ist die Spannenergie einer Feder, die unter Aufwendung einer Kraft von 50 N um 9 cm zusammengedrückt wurde?

4. Um 8 cm wurde die Pufferfeder eines Güterwagens beim Ankoppeln der Lokomotive zusammengedrückt und hat damit eine Energie von 1,6 kJ erhalten. Wie groß ist die Federkonstante?

5. Jeden Mittag Punkt Zwölf zieht Herr Hölder seine Kuckucksuhr auf. Welche Masse hat das „Uhrgewicht", das er dabei um genau 1,2 m hochzieht, wenn der stündliche Energiebedarf des Uhrwerkes 0,2 J beträgt? (Ortsfaktor $g = 10\,\frac{\text{N}}{\text{kg}}$)

6. Ein Airbus mit einer Gesamtmasse von 125 t befindet sich 10 800 m über seinem Abflugort und hat dabei eine Geschwindigkeit von $910\,\frac{\text{km}}{\text{h}}$ über Grund. Wie groß ist seine mechanische Energie im Bezug auf die Startbahn? (Ortsfaktor $g = 10\,\frac{\text{N}}{\text{kg}}$)

7. Wie groß ist die mechanische Energie, die der Airbus aus der Aufgabe 6 bis zum Stillstand auf der Landebahn durch Reibungsarbeit beseitigen muss, wenn sich der Landeplatz 400 m unter dem Startplatz befindet?

2 Satz von der Erhaltung der mechanischen Energie

Einmal vorhandene mechanische Energie bleibt, wenn keine Reibungsvorgänge auftreten, immer vorhanden.
Diese Aussage wird als **Satz von der Erhaltung der mechanischen Energie** bezeichnet. Bei allen reibungsfreien Vorgängen ändert die vorhandene mechanische Energie lediglich ihre Form, nicht aber ihren Betrag. Wenn es auch absolut reibungsfreie Vorgänge in der Praxis nicht gibt, so ist in vielen Fällen die Reibung so gering, dass sie bei der Berechnung vernachlässigt werden kann.

Beispiel 1

Auf dem höchsten Balkon des Hochhauses, 33 m über dem vorbeiführenden Fußweg, wackelt bedenklich ein Blumentopf. Mit welcher Geschwindigkeit würde er auf dem Kopf eines 1,75 m großen Passanten landen, wenn nicht schleunigst für Abhilfe gesorgt wird?

Gegeben: Masse des Blumentopfes: $m = 1{,}2\,\text{kg}$; Ortsfaktor: $g = 10\,\frac{\text{N}}{\text{kg}}$
Höhe über dem Fußweg: $h_1 = 33\,\text{m}$;
Größe des Passanten: $h_2 = 1{,}75\,\text{m}$

Gesucht: Geschwindigkeit beim Auftreffen: v

Lösung

Die Höhenenergie W_H des Blumentopfes, bezogen auf die Höhe des Kopfes des Passanten ist gleich der Bewegungsenergie W_B, mit der der Topf auf dem Kopf des Passanten auftrifft.

$$W_H = W_B$$
$$W_H = m \cdot g \cdot (h_1 - h_2)$$
$$W_B = \frac{m}{2} \cdot v^2$$
$$m \cdot g \cdot (h_1 - h_2) = \frac{m}{2} \cdot v^2$$

Wir teilen durch die Masse m,

$$g \cdot (h_1 - h_2) = \frac{1}{2} v^2$$

lösen nach v^2 auf,

$$v^2 = 2 \cdot g \cdot (h_1 - h_2)$$

setzen die gegebenen Größen ein,

$$v^2 = 2 \cdot 10\,\frac{\text{N}}{\text{kg}}(33\,\text{m} - 1{,}75\,\text{m})$$

führen die Zahlenrechnung durch

$$v^2 = (2 \cdot 10 \cdot (33 - 1{,}75))\,\frac{\text{N} \cdot \text{m}}{\text{kg}}$$

und fassen die Einheiten unter Verwendung der Beziehung $1\,\text{N} \cdot \text{m} = 1\,\text{J} = 1\,\frac{\text{kg} \cdot \text{m}^2}{\text{s}^2}$ zusammen.

$$v^2 = 625\,\frac{\text{J}}{\text{kg}} = 625\,\frac{\frac{\text{kg} \cdot \text{m}^2}{\text{s}^2}}{\text{kg}} = 625\,\frac{\text{kg} \cdot \text{m}^2}{\text{s}^2 \cdot \text{kg}}$$

$$v^2 = 625\left(\frac{\text{m}}{\text{s}}\right)^2 \Rightarrow v = 25\,\frac{\text{m}}{\text{s}}$$

Ergebnis: Der Blumentopf würde mit einer Geschwindigkeit von $25\,\frac{\text{m}}{\text{s}}$, also $90\,\frac{\text{km}}{\text{h}}$ auf den Kopf des Passanten prallen. Diese Geschwindigkeit ist unabhängig von der Masse des Blumentopfs, die sich im Lauf der Rechnung herausgehoben hat.

Beispiel 2 Eine Pistolenkugel hat eine Masse von 45 g. Sie wird senkrecht nach oben geschossen und verlässt dabei den Pistolenlauf mit einer Geschwindigkeit von $285\,\frac{m}{s}$.
Wie hoch steigt sie, wenn von der Luftreibung abgesehen wird?

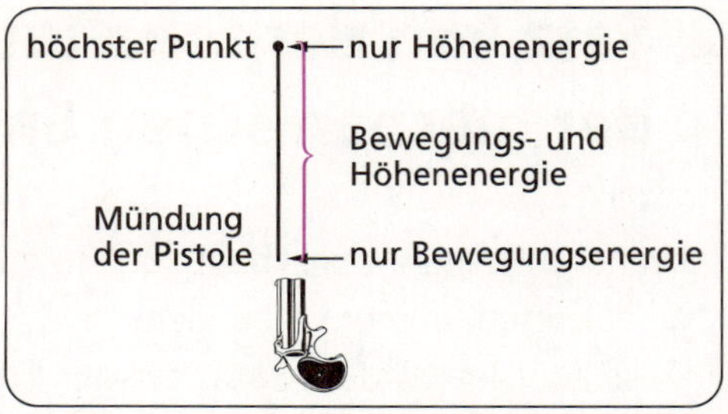

Gegeben: Masse der Kugel: $m = 45\,g = 0{,}045\,kg$
Anfangsgeschwindigkeit der Kugel: $v = 285\,\frac{m}{s}$
Ortsfaktor: $g = 10\,\frac{N}{kg}$
Gesucht: Steighöhe: h

Vorüberlegung: Beim Verlassen des Pistolenlaufs hat die Kugel nur Bewegungsenergie. Diese Bewegungsenergie verrichtet Hubarbeit und nimmt dabei im gleichen Maße ab, wie die Höhenergie zunimmt. Die Summe aus Bewegungsenergie und Höhenenergie ist an jeden Punkt der Bahn gleich groß und zwar genau so groß wie die Bewegungsenergie der Kugel beim Verlassen des Pistolenlaufes.

Lösung

Im höchsten Punkt der Bahn ist die Höhenenergie $m \cdot g \cdot h$ der Kugel gleich ihrer Bewegungsenergie $\frac{m}{2} \cdot v^2$ beim Verlassen des Pistolenlaufes.

$$m \cdot g \cdot h = \frac{m}{2} \cdot v^2$$

Wir teilen durch die Masse m und erhalten eine Gleichung, die die Masse m nicht mehr enthält. Das Ergebnis ist also unabhängig von der Masse der Pistolenkugel.

$$g \cdot h = \frac{1}{2} \cdot v^2$$

Wir lösen nach der gesuchten Höhe h auf

$$h = \frac{v^2}{2 \cdot g}$$

setzen die gegebenen Größen ein,

$$h = \frac{\left(285\,\frac{m}{s}\right)^2}{2 \cdot 10\,\frac{N}{kg}}$$

führen die Zahlenrechnung aus und

$$h = \left(\frac{285^2}{2 \cdot 10}\right) \frac{\frac{m^2}{s^2}}{\frac{N}{kg}} = 4061\,\frac{kg \cdot m^2}{N \cdot s^2}$$

kürzen die Einheiten unter Verwendung der Beziehung $1\,\frac{kg \cdot m^2}{s^2} = 1\,J = 1\,N \cdot m$.

$$h = 4061\,\frac{\frac{kg \cdot m^2}{s^2}}{N} = 4061\,\frac{N \cdot m}{N} = 4061\,m$$

Ergebnis: Die Pistolenkugel erreicht eine Höhe von rund 4000 m.

Aufgaben

Bei den folgenden Aufgaben soll für den Ortsfaktor der Näherungswert $g = 10\,\frac{\text{N}}{\text{kg}}$ verwendet werden.

8. Mit welcher Geschwindigkeit trifft ein Kunstspringer beim Sprung vom 10-m-Turm auf der Wasseroberfläche auf?

9. Aus welcher Höhe müsste man ein kopfüber an einem Kranhaken hängendes Auto frei herabfallen lassen, um anschaulich zu zeigen, welche Wirkung der frontale Aufprall eines mit $80\,\frac{\text{km}}{\text{h}}$ fahrenden Autos auf ein feststehendes Hindernis hat?

10. Eine Kinderschaukel wird bei straff gespannter Aufhängung so weit nach hinten ausgelenkt, bis sie sich 80 cm über ihrer Ruhelage befindet und dann losgelassen. Mit welcher Geschwindigkeit geht sie durch den tiefsten Punkt ihrer Bahn?

11. Beim Durchgang durch den tiefsten Punkt ihrer Bahn hat eine Schiffsschaukel eine Geschwindigkeit von $7\,\frac{\text{m}}{\text{s}}$. Wie hoch steigt sie danach?

12. Der Schwerpunkt einer zum Überschlag fähigen Schiffsschaukel liegt genau 3 m unter der Aufhängung. Wie groß muss ihre Geschwindigkeit am tiefsten Punkt ihrer Bahn mindestens sein, damit es zu einem Überschlag kommen kann?

13. Die Feder einer Federpistole hat eine Federkonstante von $625\,\frac{\text{N}}{\text{m}}$. Sie wird beim Spannen um 10 cm zusammengedrückt. Mit welcher Geschwindigkeit verlässt ein damit waagerecht abgeschossener Bolzen von 10 g Masse die Pistole?

14. Beim Spannen einer Federpistole wurde die Feder um 8 cm zusammengedrückt, wobei zuletzt eine Kraft von 36 N erforderlich war. Wie hoch fliegt ein 12 g schwerer Bolzen, der mit dieser Pistole senkrecht nach oben geschossen wird?

15. Ein mit der Pistole aus Aufgabe 14 senkrecht nach oben geschossener Bolzen erreicht eine Höhe von 20 m. Welche Masse hat er?

16. Ein Pkw hat eine Gesamtmasse von 1,2 t. Er wird aus dem Stand heraus durch eine konstante Motorkraft von 1,8 kN längs einer ebenen Strecke von 250 m beschleunigt. Wie groß ist seine Geschwindigkeit nach dieser Beschleunigungsstrecke? (Von Reibungsvorgängen wird abgesehen.)

3 Energie und Reibungsarbeit im Luftverkehr

Manchmal bedarf es einer Menge unproduktiver Reibungsarbeit, um nicht mehr gebrauchte mechanische Energie los zu werden. Segelflieger können ein Lied davon singen.

Wohin mit der Höhenenergie, wenn sie aus irgendeinem Grunde kurzfristig landen müssen? Ein Sturzflug ist nicht zu empfehlen, denn dabei würde ja nur die nicht mehr gebrauchte Höhenenergie in Bewegungsenergie umgewandelt. Und die damit verbundene Geschwindigkeitszunahme würde ganz bestimmt zu einer Bruchlandung führen, falls das Flugzeug nicht schon vorher in der Luft auseinander bricht.

Um ihre Höhenenergie gefahrlos beseitigen zu können, fahren die Piloten Bremsklappen aus und bringen ihr Flugzeug in eine abenteuerlich aussehende Lage schräg zur Flugrichtung, wodurch der Luftwiderstand erhöht wird. Und oft muss außer der Höhenenergie auch noch ein Teil der Bewegungsenergie durch Reibungsarbeit beseitigt werden, weil die Landegeschwindigkeit kleiner ist, als die Fluggeschwindigkeit.

Beispiel

Ein Segelflugzeug mit einer Masse von 480 kg befindet sich 1400 m über dem Landeplatz und hat eine Geschwindigkeit gegenüber dem Boden von $110\,\frac{\text{km}}{\text{h}}$. Wie groß ist die Reibungsarbeit, die vom Flugzeug verrichtet werden muss, ehe es mit einer Geschwindigkeit von $80\,\frac{\text{km}}{\text{h}}$ auf der Landebahn aufsetzen kann?

Gegeben: Masse des Flugzeugs: $m = 480\,\text{kg}$

Geschwindigkeit in der Luft: $v_1 = 110\,\frac{\text{km}}{\text{h}} = \frac{110}{3{,}6}\,\frac{\text{m}}{\text{s}}$

Geschwindigkeit bei der Landung: $v_2 = 80\,\frac{\text{km}}{\text{h}} = \frac{80}{3{,}6}\,\frac{\text{m}}{\text{s}}$

Flughöhe: $h = 1400\,\text{m}$

Ortsfaktor: $g = 10\,\frac{\text{N}}{\text{kg}}$

Gesucht: Reibungsarbeit: W_R

Lösung

Außer der Höhenenergie $m \cdot g \cdot h$ muss auch noch die Differenz aus der Bewegungsenergie bei der Geschwindigkeit v_1 und der Geschwindigkeit v_2 in Reibungsarbeit umgewandelt werden.

$$W_R = m \cdot g \cdot h + \left(\frac{m}{2} \cdot v_1^2 - \frac{m}{2} \cdot v_2^2\right)$$

$$= m \cdot g \cdot h + \frac{m}{2}\left(v_1^2 - v_2^2\right)$$

Wir setzen die gegebenen Größen ein, $W_R = 480\,\text{kg} \cdot 10\,\frac{\text{N}}{\text{kg}} \cdot 1400 + \frac{480}{2}\,\text{kg}\left(\left(\frac{110}{3{,}6}\,\frac{\text{m}}{\text{s}}\right)^2 - \left(\frac{80}{3{,}6}\,\frac{\text{m}}{\text{s}}\right)^2\right)$

führen die Zahlenrechnung durch und fassen die Einheiten zusammen unter Berücksichtigung der Beziehung $1\,\text{N} \cdot \text{m} = 1\,\text{J} = 1\,\frac{\text{kg} \cdot \text{m}^2}{\text{s}^2}$.

$$W_R = (480 \cdot 10 \cdot 1400) \cdot \frac{\text{kg} \cdot \text{N} \cdot \text{m}}{\text{kg}} + \frac{180}{2 \cdot 3{,}6^2}\,(110^2 - 80^2)\,\frac{\text{kg} \cdot \text{m}^2}{\text{s}^2}$$

$$W_R = 6\,720\,000\,\text{J} + 105\,556\,\text{J} = 6\,825\,556\,\text{J}$$

Ergebnis: Die vor dem Aufsetzen zu verrichtende Reibungsarbeit beträgt rund 6826 kJ.

Aufgaben

17. Ein Segelflugzeug ($m = 380\,\text{kg}$) befindet sich 1200 m über dem Landeplatz und hat dabei eine Geschwindigkeit von $108\,\frac{\text{km}}{\text{h}}$ über Grund. Mit welcher Geschwindigkeit käme das Flugzeug auf der Landebahn an, wenn es im Landeanflug lediglich 90 % seiner Energie durch die Luftreibung verloren hätte? (Ortsfaktor $g = 10\,\frac{\text{N}}{\text{kg}}$)

18. Welche Reibungsarbeit muss das Segelflugzeug aus Aufgabe 17 beim Landeanflug verrichten, damit es mit einer Geschwindigkeit von $80\,\frac{\text{km}}{\text{h}}$ auf der Landebahn aufsetzt?

19. Ein Segelflugzeug (Masse 410 kg) befindet sich in einer Höhe von 2100 m über dem 75 km entfernten Heimatflugplatz. Es ist bereits Abend und die Atmosphäre ist absolut ruhig. Es kann weder mit nützlichen Aufwinden noch muss mit schädlichen Abwinden gerechnet werden. Durch geschicktes Fliegen gelingt es dem Piloten, den Luftwiderstand seines Flugzeugs auf 110 N herabzudrücken. Erreicht er unter diesen Umständen seinen Flugplatz oder muss er sich auf eine Außenlandung gefasst machen? (Ortsfaktor $g = 10\,\frac{\text{N}}{\text{kg}}$; Flug- und Landegeschwindigkeit können als gleich groß angenommen werden.)

20. Nur 150 N beträgt der Luftwiderstand, den das schnittige Segelflugzeug bei einer Geschwindigkeit von $90\,\frac{\text{km}}{\text{h}}$ überwinden muss. In einer Höhe von 2400 m über dem Landeplatz entschließt sich der Pilot zur Landung. Wie lange dauert der mit konstant $90\,\frac{\text{km}}{\text{h}}$ erfolgende Sinkflug bis zum Aufsetzen auf der Landebahn, wenn die Masse des Flugzeugs 380 kg beträgt? (Ortsfaktor $g = 10\,\frac{\text{N}}{\text{kg}}$)

4 Energie und Reibungsarbeit im Straßenverkehr

Beim Bremsen eines Eisenbahnzuges oder eines Autos muss die vorhandene Bewegungsenergie in unproduktive Reibungsarbeit umgewandelt werden. Von der Größe der dabei auftretenden Reibungskraft hängt die Länge des Bremsweges ab.

Beispiel

Wie lang ist der Bremsweg eines 15 t schweren und $80\,\frac{\text{km}}{\text{h}}$ schnellen Lkw auf ebener Straße, wenn die Bremskraft 30 kN beträgt?

Gegeben: Masse des Lkw: $m = 15\,\text{t} = 15\,000\,\text{kg}$
Geschwindigkeit: $v = 80\,\frac{\text{km}}{\text{h}} = \frac{80}{3{,}6}\,\frac{\text{m}}{\text{s}}$
Bremskraft: $F_B = 30\,\text{kN} = 30\,000\,\text{N}$

Gesucht: Bremsweg: s

Lösung

Die gesamte Bewegungsenergie W_B des Lkw muss in Reibungsarbeit W_R umgewandelt werden. Diese ist gleich dem Produkt aus Bremskraft F_B und Bremsweg s.

$$W_B = W_R$$

$$W_B = \frac{m}{2} \cdot v^2$$

$$W_R = F_B \cdot s$$

$$\frac{m}{2} \cdot v^2 = F_B \cdot s$$

Wir lösen die so erhaltene Gleichung nach dem gesuchten Bremsweg s auf,

$$s = \frac{m \cdot v^2}{2 \cdot F_B}$$

setzen die gegebenen Größen ein,

$$s = \frac{15\,000\,\text{kg} \cdot \left(\frac{80}{3{,}6}\,\frac{\text{m}}{\text{s}}\right)^2}{2 \cdot 30\,000\,\text{N}}$$

führen die Zahlenrechnung durch und

$$s = \left(\frac{15\,000 \cdot 80^2}{2 \cdot 30\,000 \cdot 3{,}6^2}\right) \frac{\frac{\text{kg} \cdot \text{m}^2}{\text{s}^2}}{\text{N}}$$

kürzen die Einheiten unter Verwendung der Beziehung $1\,\frac{\text{kg} \cdot \text{m}^2}{\text{s}^2} = 1\,\text{J} = 1\,\text{N} \cdot \text{m}$

$$s = 123{,}5\,\frac{\text{J}}{\text{N}}$$

$$s = 123{,}5\,\frac{\text{N} \cdot \text{m}}{\text{N}} = 123{,}5\,\text{m}$$

Ergebnis: Der Bremsweg beträgt auf ebener Straße 123,5 m. Bei nicht ebener Straße wäre er kürzer bzw. länger, je nachdem ob die Straße steigt oder fällt.

Aufgaben

21. Ein vollbesetzter Pkw mit einer Gesamtmasse von 1,4 t rast mit einer Geschwindigkeit von $144\,\frac{km}{h}$ über eine ebene Autobahn. Plötzlich taucht in 250 m Entfernung das Ende eines Staus auf. Wie groß muss die Bremskraft sein, damit der Wagen vor dem Stauende zum Stehen kommt?

22. Ein Pkw mit einer Gesamtmasse von 1,4 t fährt mit einer Geschwindigkeit von $130\,\frac{km}{h}$. Wie lang ist der Bremsweg auf ebener Strecke, wenn die Bremskraft 6,4 kN beträgt?

23. Wie groß müsste die Bremskraft sein, wenn der Pkw aus der vorhergehenden Aufgabe 22 bei sonst gleichen Verhältnissen einen Bremsweg von nur 100 m haben soll?

24. Wie groß ist die Reibungsarbeit, die verrichtet werden muss, um ein Auto mit einer Masse von 1300 kg auf ebener Strecke von $130\,\frac{km}{h}$ auf $60\,\frac{km}{h}$ abzubremsen. Wie groß ist die erforderliche Bremskraft, wenn dafür eine Strecke von 80 m zur Verfügung steht?

25. Ein Auto schleicht mit $30\,\frac{km}{h}$ auf einer ebenen, eisglatten Fahrbahn. Als ein Hindernis auftaucht, reagiert der Fahrer panisch. Er tritt so fest auf die Bremse, dass die Räder blockieren. Wie weit rutscht das Auto mit den blockierten Rädern, wenn die Gleitreibungszahl 0,1 beträgt? $\left(\text{Ortsfaktor } g = 10\,\frac{N}{kg}\right)$

26. Welche Geschwindigkeit darf der Fahrer des Pkw aus der vorhergehenden Aufgabe 25 nicht überschreiten, wenn seine Rutschstrecke unter sonst gleichen Bedingungen höchstens 15 m betragen darf?

H Druck

1 Druck als Flächenbelastung

Wütend hat Moritz seine Skier abgeschnallt, nachdem sich zum x-ten Mal die Spitzen verheddert hatten und er dabei mit dem Schnee nähere Bekanntschaft machen musste. Nun trottet er missmutig neben seinem Vater her. Tief sinkt er dabei in den lockeren Neuschnee ein, viel tiefer als sein Ski fahrender Vater, obwohl der doch mehr als doppelt so schwer ist. Und als dann auch noch ein Raupenfahrzeug vorbeirauscht und auf dem Schnee zu schweben scheint, sinkt Moritzens Laune auf den Tiefpunkt.

Die Welt ist ungerecht! Er, der Leichteste, sinkt am tiefsten ein, während sein schwererer Vater und das noch viel schwerere Raupenfahrzeug nur flache Spuren durch den Schnee ziehen. Mit Gerechtigkeit hat diese Erscheinung allerdings nichts zu tun, sondern mit Physik. Wie tief man im Schnee einsinkt hängt nämlich nicht nur von der Gewichtskraft ab, sondern auch von der Größe der Fläche, auf die sich die Gewichtskraft verteilt.

Es gilt: Je größer der Quotient aus dem Betrag *F* der senkrecht auf die Standfläche wirkenden Kraft und der Größe *A* der Standfläche ist, desto tiefer sinkt man ein.

Diesen Quotienten bezeichnet man als **Druck** und gibt im das Symbol *p*.

$$p = \frac{F}{A}$$

Einheit des Druckes: $1\,\frac{\text{N}}{\text{m}^2} = 1\,\text{Pa}$ (Pascal)

Weitere gebräuchliche Druckeinheiten sind:

1 Hektopascal (hPa) = 100 Pa

1 Kilopascal (kPa) = 1000 Pa

1 Megapascal (MPa) = 1000 kPa = 1 000 000 Pa

Häufig werden auch die Einheiten Bar (bar) und Millibar (mbar) verwendet.

Dabei gilt:

$1\,\text{bar} = 100\,000\,\text{Pa} = 10\,\frac{\text{N}}{\text{cm}^2}$

$1\,\text{mbar} = \frac{1}{1000}\,\text{bar} = 100\,\text{Pa} = 1$ Hektopascal (hPa) $= 0{,}01\,\frac{\text{N}}{\text{cm}^2}$

Je größer der Druck, desto tiefer der Ein„druck". Der Druck unter der Spitze einer Reißzwecke ist sehr groß, sie dringt deshalb tief in Holz ein. Der Druck unter der Sohlenfläche eines Fußes ist sehr klein, deshalb kann man über einen Holzfußboden laufen, ohne merkliche Eindrücke zu hinterlassen.

Beispiel

Wie muss ein Marmorquader von 1,2 m Länge, 0,6 m Breite und 0,9 m Höhe aufgestellt werden, damit sein Druck auf die waagerechte Unterlage möglichst klein ist. Wie hoch ist der Druck in diesem Fall?

Gegeben: Länge des Quaders: $l = 1{,}2\,\text{m}$
Breite des Quaders: $b = 0{,}6\,\text{m}$
Höhe des Quaders: $h = 0{,}9\,\text{m}$
Dichte von Marmor: $\varrho = 2{,}6\,\frac{\text{g}}{\text{cm}^3} = 2600\,\frac{\text{kg}}{\text{m}^3}$
Ortsfaktor: $g = 10\,\frac{\text{N}}{\text{kg}}$

Gesucht: Druck p

Lösung

Damit bei vorgegebener Gewichtskraft der Druck möglichst klein ist, muss die Standfläche möglichst groß sein. Der Quader muss also auf eine der beiden Rechteckflächen mit den Maßen $l = 1{,}2\,\text{m}$ und $h = 0{,}9\,\text{m}$ gestellt werden.

Wir gehen aus von der Definitionsgleichung des Druckes $\quad p = \frac{F}{A}$

Die Gewichtskraft F ist gleich dem Produkt aus Masse m des Marmorquaders und dem Ortsfaktor g. $\quad F = m \cdot g$

Der Flächeninhalt A ist gleich dem Produkt aus Länge l und Höhe h des Marmorquaders. $\quad A = l \cdot h$

$$p = \frac{m \cdot g}{l \cdot h}$$

Die Masse m ergibt aus der Definitionsgleichung der Dichte. $\quad \varrho = \frac{m}{V} \Rightarrow m = \varrho \cdot V$

$$p = \frac{\varrho \cdot V \cdot g}{l \cdot h}$$

Das Volumen V ist gleich dem Produkt aus Länge l, Breite b und Höhe h. $\quad V = l \cdot b \cdot h$

$$p = \frac{\varrho \cdot l \cdot b \cdot h \cdot g}{l \cdot h}$$

Wir kürzen mit l und h, $\quad p = \varrho \cdot b \cdot g$

setzen die gegebenen Größen ein, $\quad p = 0{,}6\,\text{m} \cdot 2600\,\frac{\text{kg}}{\text{m}^3} \cdot 10\,\frac{\text{N}}{\text{kg}}$

führen die Zahlenrechnung durch, $\quad p = (0{,}6 \cdot 2600 \cdot 10)\,\frac{\text{m} \cdot \text{kg} \cdot \text{N}}{\text{m}^3 \cdot \text{kg}}$

kürzen die Einheiten soweit wie möglich und setzen $1\,\frac{\text{N}}{\text{m}^2} = 1\,\text{Pa}$. $\quad p = 15\,600\,\frac{\text{N}}{\text{m}^2} = 15\,600\,\text{Pa}$

Ergebnis: Der Quader muss auf das aus Länge und Höhe gebildete Rechteck gestellt werden und übt dabei einen Druck von 15,6 kPa auf die waagerechte Unterlage aus.

Aufgaben

Bei den folgenden Aufgaben soll für den Ortsfaktor g der Näherungswert $g = 10\,\frac{\text{N}}{\text{kg}}$ verwendet werden.

1. Welcher Druck wird auf den waagerechten Fußboden ausgeübt, wenn eine Dame ihre bescheidene Gewichtskraft von 525 N ganz auf einen der beiden Pfennigabsätze ihrer modischen Stöckelschuhe verlagert, dessen Flächeninhalt 1,5 cm^2 beträgt?

2. Ein boshafter Mensch hat ausgerechnet, dass ein auf einem Bein stehender Elefant, dessen Gewichtskraft 42 000 N beträgt denselben Druck auf den waagerechten Fußboden ausübt wie die Dame aus Aufgabe 1 mit ihren Stöckelschuhen. Wie groß müsste demnach die Standfläche des Elefanten, also die Sohlenfläche eines seiner Beine sein?

3. Ein Körper wirkt infolge seiner Gewichtskraft von 720 N auf seine waagerechte Unterlage einen Druck von 4,5 bar aus. Wie groß ist die Seitenlänge seiner quadratischen Standfläche?

4. Auf einer ebenen Unterlage, die eine Druckfestigkeit von 375 kPa hat, soll eine quadratische Säule aus Eisen $\left(\text{Dichte } 7{,}8\,\frac{\text{g}}{\text{cm}^3}\right)$ aufgestellt werden. Wie viel Zentimeter darf die Höhe der Säule höchstens betragen?

5. Die Auflagefläche der beiden Raupenketten eines Baggers beträgt zusammen 2,5 m^2. Wie schwer darf der Bagger höchstens sein, wenn ein Bodendruck von 120 kPa auf waagerechtem Gelände nicht überschritten werden darf?

6. Ein Pkw mit einer Masse von 1440 kg steht mit jedem seiner vier Räder auf einer Reifenfläche von 120 cm^2. Wie groß ist der dadurch auf eine ebene Straße ausgeübte Druck? (Es kann angenommen werden, dass die Reifenflächen gleichmäßig belastet werden.)

7. Bei einer längeren Autobahnfahrt haben sich die Reifen des Pkw aus der vorhergehenden Aufgabe 6 stark erwärmt. Dadurch ist der Luftdruck im Reifen gestiegen, wodurch die Berührfläche zwischen Reifen und Straße kleiner geworden ist. Wie groß ist sie bei jedem der vier Räder, wenn der Druck, den der Pkw auf die Straße ausübt, 360 kPa beträgt?

2 Druck in Flüssigkeiten

Seine eigentliche physikalische Bedeutung zeigt der Druck nicht so sehr bei festen Körpern als vielmehr bei Flüssigkeiten. Bei festen Körpern sollte man ohnedies nicht von Druck sondern besser von Flächenbelastung sprechen, weil der Druck lediglich auf die gedrückte Fläche wirkt.
Übt man dagegen einen Druck auf eine Flüssigkeit aus, dann wird gewissermaßen die gesamte Flüssigkeit „unter Druck" gesetzt. Sie übt ihrerseits auf jedes Flächenstück ihres Gefäßes eine senkrecht dazu gerichtete Kraft aus. Der dabei von der Flüssigkeit ausgeübte Druck ist genau so groß, wie der zuvor auf die Flüssigkeit ausgeübte Druck.

Die Physiker beschreiben diesen Sachverhalt so:

Ein auf eine Flüssigkeit ausgeübter Druck breitet sich nach allen Richtungen gleich stark aus.

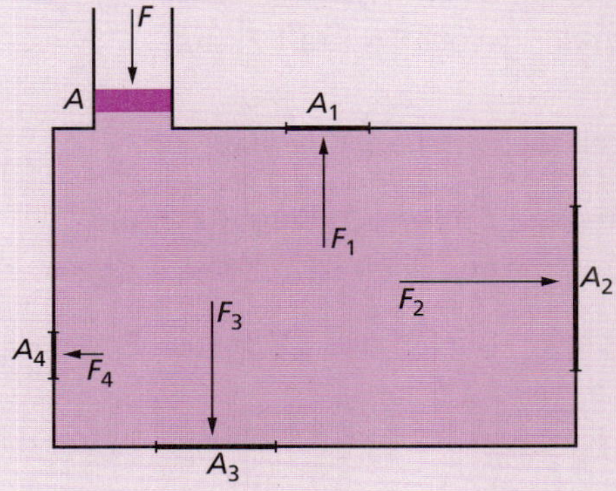

Die über den Kolben mit der Querschnittsfläche A auf die Flüssigkeit ausgeübte Kraft F bewirkt den Druck

$$p = \frac{F}{A}.$$

Dieser Druck wirkt an jeder Stelle der Flüssigkeit, also auch auf die Flächen A_1, A_2, A_3 und A_4 der Gefäßwand. Für die dort auftretenden Kräfte F_1, F_2, F_3 und F_4 gilt dabei:

$$\frac{F_1}{A_1} = \frac{F_2}{A_2} = \frac{F_3}{A_3} = \frac{F_4}{A_4} = p = \frac{F}{A}.$$

Beispiel

Auf eine Flüssigkeit wird über einen Kolben von 12 cm² Querschnittsfläche eine Kraft von 150 N ausgeübt. Wie groß ist die Kraft, die auf ein 1,8 dm² großes Flächenstück der Gefäßwand wirkt?

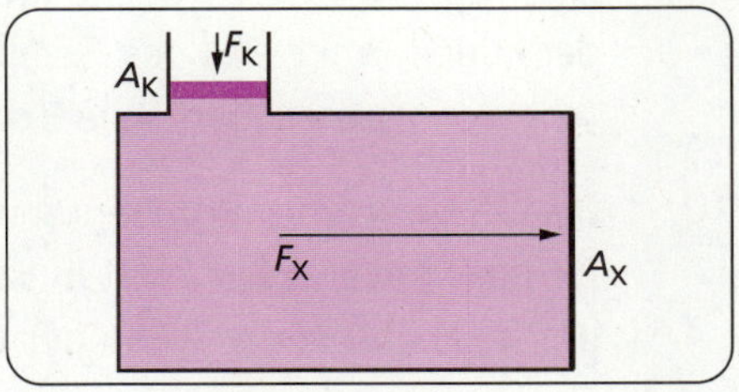

Gegeben: Kraft auf den Kolben:
$F_K = 150\,\text{N}$
Querschnittsfläche des Kolbens: $A_K = 12\,\text{cm}^2$
Inhalt des betrachteten Flächenstücks: $A_X = 1{,}8\,\text{dm}^2 = 180\,\text{cm}^2$

Gesucht: Auf das betrachtete Flächenstück wirkende Kraft: F_X

Lösung

Der vom Kolben auf die Flüssigkeit ausgeübte Druck ergibt sich aus der Definitionsgleichung des Druckes.

$$p = \frac{F_K}{A_K}$$

Dieser Druck breitet sich in der Flüssigkeit nach allen Richtungen gleich stark aus, herrscht also auch an dem betrachteten Flächenstück.

$$p = \frac{F_X}{A_X}$$

Der Quotient aus Kraft und Fläche ist also am Kolben genau so groß wie am betrachteten Flächenstück.

$$\frac{F_K}{A_K} = \frac{F_X}{A_X}$$

Wir lösen die so erhaltene Gleichung nach der gesuchten Kraft F_X auf,

$$F_X = \frac{F_K \cdot A_X}{A_K}$$

setzen die gegebenen Größen ein,

$$F_X = \frac{150\,\text{N} \cdot 180\,\text{cm}^2}{12\,\text{cm}^2}$$

führen die Zahlenrechnung durch und kürzen die Einheiten soweit wie möglich.

$$F_X = \left(\frac{150 \cdot 180}{12}\right)\frac{\text{N} \cdot \text{cm}^2}{\text{cm}^2} = 2250\,\text{N}$$

Ergebnis: Die auf das 1,8 dm^2 große Flächenstück wirkende Kraft beträgt 2250 N.

Aufgaben

8. Auf eine Flüssigkeit soll über einen Kolben mit einer Querschnittsfläche von 15 cm^2 ein Druck von 3,6 bar ausgeübt werden. Wie groß ist die dazu erforderliche Kraft?

9. Das nebenstehende Glasgefäß ist mit Wasser gefüllt. Auf den Kolben, dessen Querschnittsfläche 2 cm^2 beträgt, wirkt eine Kraft von 24 N. Welche Kraft muss der kugelförmige Teil des Gefäßes aushalten, wenn seine Oberfläche 3 dm^2 beträgt?

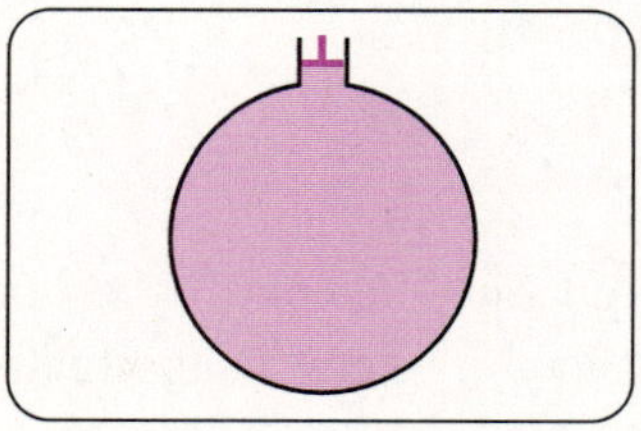

10. Die Öffnung eines Brunnenrohres hat eine Querschnittsfläche von 2,5 cm^2. Mit welcher Kraft muss man seinen Daumen dagegen pressen, um sie abzusperren, wenn der Wasserdruck 4,5 bar beträgt?

11. Aus der 3 mm^2 großen Öffnung einer Wasserpistole soll das Wasser mit einer Kraft von 10 N ausgestoßen werden. Welche Kraft muss man dabei auf den Kolben der Pistole ausüben, wenn dessen Querschnittsfläche 1,5 cm^2 beträgt?

3 Die hydraulische Presse

Zur Erzeugung großer Kräfte wird bei einer hydraulischen Presse die Erscheinung genutzt, dass sich der auf eine Flüssigkeit ausgeübte Druck nach allen Seiten gleich stark ausbreitet. Übt man mit dem Pumpkolben einen Druck $p_1 = \frac{F_1}{A_1}$ auf die Flüssigkeit aus, dann übt die Flüssigkeit einen gleichgroßen Druck $p_2 = \frac{F_2}{A_2}$ auf den Presskolben aus.

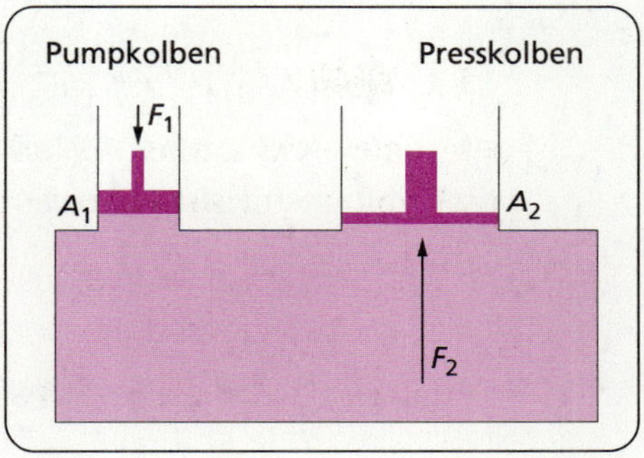

Es gilt also: $\frac{F_1}{A_1} = \frac{F_2}{A_2}$

Beispiel

Der Pumpkolben einer hydraulischen Presse hat eine Querschnittsfläche von 8 cm². Er wird mit einer Kraft von 100 N nach unten gedrückt. Wie groß ist die Querschnittsfläche des Presskolbens, wenn an ihm eine Kraft von 15 000 N wirkt?

Gegeben: Querschnittsfläche des Pumpkolbens: $A_1 = 8\,\text{cm}^2$
Kraft am Pumpkolben: $F_1 = 100\,\text{N}$
Kraft am Presskolben: $F_2 = 15\,000\,\text{N}$

Gesucht: Querschnittsfläche des Presskolbens: A_2

Lösung

Wir gehen aus von der Tatsache, dass der Druck p_1 am Pumpkolben genau so groß ist, wie der Druck p_2 am Presskolben.

$$p_1 = p_2$$

$$p_1 = \frac{F_1}{A_1};\; p_2 = \frac{F_2}{A_2}$$

Wir lösen die so erhaltene Gleichung nach der gesuchten Querschnittsfläche A_2 auf,

$$\frac{F_1}{A_1} = \frac{F_2}{A_2}$$

$$A_2 = \frac{F_2 \cdot A_1}{F_1}$$

setzen die gegebenen Größen ein,

$$A_2 = \frac{15\,000\,\text{N} \cdot 8\,\text{cm}^2}{100\,\text{N}}$$

führen die Zahlenrechnung durch

$$A_2 = \left(\frac{15\,000 \cdot 8}{100}\right)\frac{\text{N} \cdot \text{cm}^2}{\text{N}}$$

und kürzen die Einheiten soweit wie möglich.

$$A_2 = 1200\,\text{cm}^2$$

Ergebnis: Der Presskolben muss eine Querschnittsfläche von 12 dm² haben.

Aufgaben

12. Der kleinere Kolben (Pumpkolben) einer hydraulischen Presse hat eine Querschnittsfläche von 50 cm². Um ihn herabzudrücken, steht eine Kraft von maximal 800 N zur Verfügung. Wie groß muss die Querschnittsfläche des größeren Kolbens (Presskolbens) sein, wenn man mit ihm ein Auto von 1,2 Tonnen Masse heben will? (Ortsfaktor $g = 10\,\frac{\text{N}}{\text{kg}}$)

13. Der Pumpkolben einer hydraulischen Presse hat eine Querschnittsfläche von 15 cm², der Presskolben eine solche von 240 cm². Mit welcher Kraft muss der Pumpkolben nach unten gedrückt werden, wenn am Presskolben eine Kraft von 320 N wirksam werden soll?

14. Bei der hydraulischen Presse aus Aufgabe 13 wird der Pumpkolben um 60 cm nach unten bewegt. Um wie viel Zentimeter bewegt sich dabei der Presskolben nach oben?

15. Die Kraft am Presskolben einer hydraulischen Presse soll 150-mal so groß sein, wie die auf den Pumpkolben ausgeübte Kraft. Wie groß muss die Querschnittsfläche des Presskolbens sein, wenn die des Pumpkolbens 6 cm² beträgt?

16. Der Pumpkolben der nebenstehenden hydraulischen Presse hat eine Querschnittsfläche von 5 cm², der Presskolben eine solche von 120 cm². Wie groß ist die Kraft, die am Presskolben wirksam wird, wenn man den Hebel an seinem äußersten Ende mit einer Kraft von 300 N nach unten drückt?

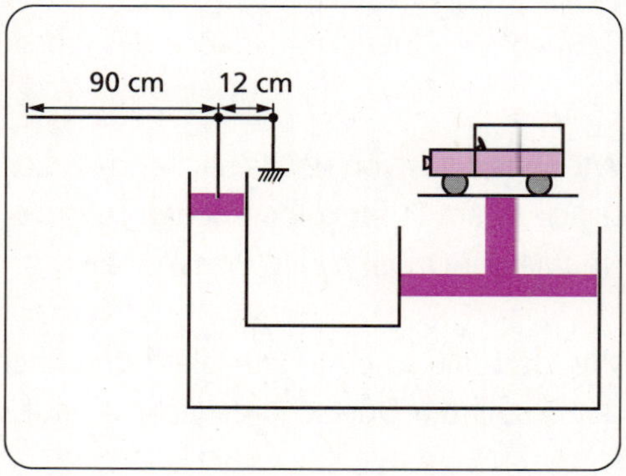

17. Der kleinere Kolben einer hydraulischen Presse wird mit einer Kraft von 200 N um 50 cm nach unten gedrückt. Der größere Kolben bewegt sich dabei um 2 cm nach oben. Wie groß ist die Kraft, die am größeren Kolben wirksam wird, wenn keinerlei Reibungsverluste auftreten?

18. Mithilfe einer hydraulischen Presse soll ein Gegenstand von 540 kg Masse gehoben werden. Die Fläche des Pumpkolbens beträgt 16 cm², die des Presskolbens 120 cm². Mit welcher Kraft muss der Pumpkolben nach unten gedrückt werden, wenn 20 % dieser Kraft infolge von Reibungsvorgängen verloren gehen? (Ortsfaktor $g = 10\,\frac{\text{N}}{\text{kg}}$)

4 Schweredruck in Flüssigkeiten

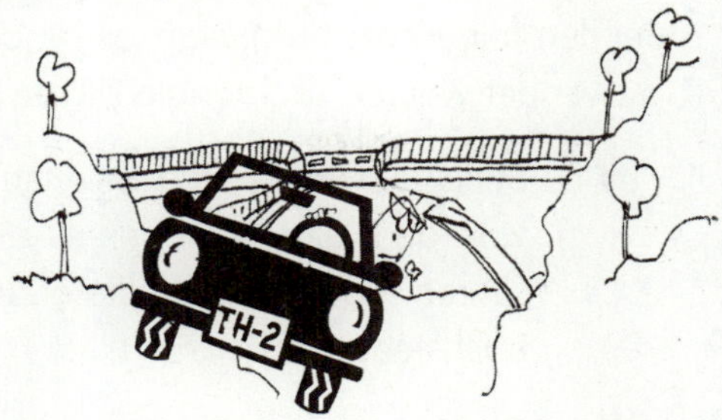

Immer wieder hört man von Unfällen, bei denen ein Auto samt Insassen in einen Fluss, Teich oder See gestürzt ist. Obwohl die Insassen den Unfall zunächst unbeschadet überstanden haben, kommen sie oft doch noch ums Leben, weil sie die Tür des Autos unter Wasser nicht öffnen können. Das aber liegt in den meisten Fällen nicht etwa daran, dass sich die Tür verklemmt hat, sondern vielmehr daran, dass im Wasser ein Druck herrscht, durch den eine Kraft auf die Autotür verursacht wird. Und je tiefer das Auto gesunken ist, desto größer ist dieser Druck.

Wer aber erzeugt diesen Druck? Wer liefert die Kraft, die dazu erforderlich ist? Ganz einfach! Das Wasser selbst erzeugt diesen Druck, und zwar durch seine Gewichtskraft, oder wie man auch sagen kann durch seine Schwere. Deshalb bezeichnet man diese Art von Druck auch als Schweredruck.

Für den (Schwere-)Druck p in der Tiefe h einer Flüssigkeit mit der Dichte ϱ gilt:

$$p = h \cdot \varrho \cdot g$$

Beispiel

Wie groß ist der Schweredruck in 25 m Meerestiefe, wenn die Dichte des Meerwassers $1{,}02 \frac{\text{g}}{\text{cm}^3} = 1020 \frac{\text{kg}}{\text{m}^3}$ beträgt?

Lösung

Wir gehen aus von der Formel für die Berechnung des Schweredrucks,	$p = h \cdot \varrho \cdot g$
setzen die gegebenen Größen ein,	$p = 25\,\text{m} \cdot 1020 \frac{\text{kg}}{\text{m}^3} \cdot 10 \frac{\text{N}}{\text{kg}}$
führen die Zahlenrechnung durch,	$p = (25 \cdot 1020 \cdot 10)\,\text{m} \cdot \frac{\text{kg}}{\text{m}^3} \cdot \frac{\text{N}}{\text{kg}}$
schreiben die Einheiten auf einen gemeinsamen Bruchstrich und kürzen sie soweit wie möglich.	$p = 255\,000 \frac{\text{m} \cdot \text{kg} \cdot \text{N}}{\text{m}^3 \cdot \text{kg}} = 255\,000 \frac{\text{N}}{\text{m}^2}$
Üblicherweise gibt man den Wasserdruck in Bar an $\left(1\,\text{bar} = 100\,000 \frac{\text{N}}{\text{m}^2}\right)$	$p = 2{,}55\,\text{bar}$

Ergebnis: In 25 m Meerestiefe herrscht ein Schweredruck von 2,55 bar.

Aufgaben

Bei den folgenden Aufgaben soll für den Ortsfaktor der Wert $g = 9{,}81\,\frac{\text{N}}{\text{kg}}$ verwendet werden und für die Dichte des Meerwassers $\varrho = 1{,}02\,\frac{\text{g}}{\text{cm}^3}$.

19. Bei einem ungeübten Gelegenheitstaucher kann ein Wasserdruck von rund 180 000 Pa bereits zu gefährlichen Orientierungsstörungen führen. Wie tief sollte dieser Mensch deshalb im Meerwasser höchstens tauchen?

20. Welchen Wasserdruck muss ein Taucher aushalten können wenn er ein in 88 m Tiefe liegendes Schiffswrack erreichen will?

21. Der Deckel des Notausstiegs eines havarierten U-Bootes hat eine Oberfläche von $0{,}25\,\text{m}^2$. Er befindet sich 23 m unter der Wasseroberfläche. Wie groß ist die Kraft, mit der das Wasser den Deckel zudrückt?

22. Noch in Meerestiefen von 7600 m sind Meeresbiologen auf Tiefseefische gestoßen. Wie groß ist die Kraft, mit der das Wasser in dieser Tiefe auf jeden einzelnen Quadratzentimeter der Körperoberfläche eines solchen Fisches drückt?

23. Die Tiefseeforscher J. Piccard und D. Walsh erreichten im Jahre 1960 mit ihrem Tiefseetauchgerät „Trieste" im Marianengraben eine Tiefe von 10 893 m. Die stählerne Tauchkugel musste dabei einer Kraft von insgesamt 500 000 000 N widerstehen. Wie groß war ihre Oberfläche?

24. Der Wasserspiegel im Wasserturm einer Stadt liegt 583 m über NN. Welche Kraft übt das Wasser auf die $1{,}5\,\text{cm}^2$ große Öffnung eines Brunnenrohres aus, das sich 498 m über NN befindet? (Dichte des Wassers $\varrho = 1{,}00\,\frac{\text{g}}{\text{cm}^3}$)

25. Ein Bierfass hat eine Innenhöhe von 1,25 m. Es ist bis zum Rand mit Bier gefüllt. 3 cm über dem inneren Fassboden befindet sich der Mittelpunkt des $7\,\text{cm}^2$ großen Zapflochs. Wie groß ist die Kraft, die der in dieses Loch geschlagene Bierhahn aushalten muss? (Dichte von Bier $\varrho = 0{,}96\,\frac{\text{g}}{\text{cm}^3}$)

26. Berechne die Kraft, die auf den $24\,\text{cm}^2$ großen Deckel und den $48\,\text{cm}^2$ großen Boden des nebenstehenden, mit Öl gefüllten Gefäßes wirkt. (Dichte von Öl $\varrho = 0{,}91\,\frac{\text{g}}{\text{cm}^3}$).

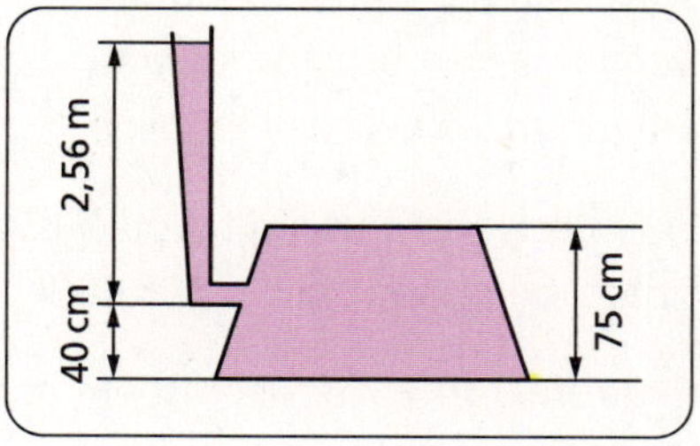

I Auftrieb in Flüssigkeiten

1 Das Archimedische Gesetz

Wohl jeder von uns hat vor seinem ersten Sprung vom 3-m-Brett oder gar vom 5-m-Turm Angst gehabt. Viele haben Angst, nicht wieder aufzutauchen.
„Was muss man denn machen, um wieder hoch an die Wasseroberfläche zu kommen?" ist ihre ängstliche Frage.
Und die Antwort darauf ist ganz einfach:
Nichts muss man machen, um nach dem Sprung wieder an die Wasseroberfläche zu gelangen. Wie ein Gummiball, den man unter Wasser los lässt, kommt auch ein untergetauchter Mensch ganz von alleine wieder an die Wasseroberfläche. Und die Kraft, die dazu erforderlich ist, liefert das Wasser selbst oder, genauer gesagt, der Schweredruck des Wassers.

Für diese so genannte Auftriebskraft gilt das **Archimedische Gesetz**:
Die Auftriebskraft F_A, die ein Körper in einer Flüssigkeit erfährt, hat den gleichen Betrag wie die Gewichtskraft $F_{G_{Fl}}$ der von ihm verdrängten Flüssigkeit.

$$F_A = F_{G_{Fl}}$$

Mit $F_{G_{Fl}} = m_{Fl} \cdot g$ und $m_{Fl} = V \cdot \varrho_{Fl}$ ergibt sich daraus:

$$F_A = V \cdot \varrho_{Fl} \cdot g$$

wobei V sowohl für das Volumen der verdrängten Flüssigkeit als auch für das gleichgroße Volumen des eingetauchten Körpers steht, ϱ_{Fl} die Dichte der Flüssigkeit und g der Ortsfaktor ist.

Beispiel

Wie groß ist die Auftriebskraft, die ein 70 kg schwerer, in Wasser untergetauchter Schwimmer erfährt, wenn sein Volumen 71,6 dm³ beträgt?

Gegeben: Volumen des Schwimmers: $V = 71{,}6\,\text{dm}^3$
Masse des Schwimmers: $m = 70\,\text{kg}$
Dichte des Wassers: $\varrho_W = 1{,}00\,\frac{\text{kg}}{\text{dm}^3}$
Ortsfaktor: $g = 9{,}81\,\frac{\text{N}}{\text{kg}}$

Gesucht: Auftriebskraft: F_A

Lösung

Nach dem Archimedischen Gesetz ist die Auftriebskraft F_A, die der im Wasser untergetauchte Schwimmer erfährt, gleich der Gewichtskraft des von ihm verdrängten Flüssigkeitsvolumens. $F_A = F_{G_{Fl}}$

Die Gewichtskraft des verdrängten Flüssigkeitsvolumen ist gleich dem Produkt aus der Masse m_{Fl} der verdrängten $F_{G_{Fl}} = m_{Fl} \cdot g$

Flüssigkeit und dem Ortsfaktor g. $F_A = m_{Fl} \cdot g$

Die Masse m_{Fl} ergibt sich aus der $m_{Fl} = \varrho_{Fl} \cdot V$

Definitionsgleichung $\varrho = \frac{m}{V}$ der Dichte. $F_A = \varrho_{Fl} \cdot V \cdot g$

Wir setzen die gegebenen Größen ein, $F_A = 1{,}00\,\frac{kg}{dm^3} \cdot 71{,}6\,dm^3 \cdot 9{,}81\,\frac{N}{kg}$

führen die Zahlenrechnung durch, $F_A = (1{,}00 \cdot 71{,}6 \cdot 9{,}81)\,\frac{kg}{dm^3} \cdot dm^3 \cdot \frac{N}{kg}$

bringen die Einheiten auf einen gemeinsamen Bruchstrich und kürzen sie soweit wie möglich. $F_A = 702{,}396\,\frac{kg \cdot dm^3 \cdot N}{dm^3 \cdot kg}$

$F_A = 702{,}396\,N$

Ergebnis: Die Auftriebskraft beträgt rund 702,4 N. Die Gewichtskraft des Schwimmers beträgt dagegen nur $70\,kg \cdot 9{,}81\,\frac{N}{kg} = 686{,}7\,N$. Also wird er mit einer Kraft von $702{,}4\,N - 686{,}7\,N = 15{,}7\,N$ an die Wasseroberfläche getragen.

Aufgaben

In den folgenden Aufgaben ist mit dem Wert $g = 9{,}81\,\frac{N}{kg}$ für den Ortsfaktor zu rechnen.

1. Eine Steinfigur hat in Luft eine Gewichtskraft von 36 N. Völlig eingetaucht in Äthylalkohol beträgt ihre Gewichtskraft dagegen nur noch 26 N. Wie groß ist das Volumen der Figur? (Dichte von Äthylalkohol $\varrho_{Al} = 0{,}79\,\frac{g}{cm^3}$)

2. Ein an einem Kraftmesser hängender 4 cm breiter, 5 cm langer und 6 cm hoher Bleiquader wird ganz in Glyzerin getaucht. Wie groß ist die Kraft, die der Kraftmesser dabei anzeigt?
(Dichte von Blei $\varrho_{Bl} = 11{,}35\,\frac{kg}{dm^3}$; Dichte von Glyzerin $\varrho_{Gl} = 1{,}26\,\frac{kg}{dm^3}$)

3. Ein 450 g schwerer Fußball hat ein Volumen von 5,6 dm^3. Wie groß ist die Kraft, die erforderlich ist, um ihn ganz unter Wasser zu halten?
$\left(\text{Dichte von Wasser } \varrho_W = 1{,}00 \frac{kg}{dm^3}\right)$

4. Auf einer Küchenwaage steht ein mit Olivenöl gefülltes Gefäß. Die Waage zeigt eine Gewichtskraft von 6,528 N an. Jemand hält nun einen an einem dünnen Faden hängenden 300 g schweren Eisenkörper so in das Öl, dass dieser vollkommen darin untertaucht. Wie ändert sich dabei die Anzeige der Küchenwaage?
$\left(\text{Dichte von Olivenöl } \varrho_{Öl} = 0{,}91 \frac{kg}{dm^3}\text{; Dichte von Eisen } \varrho_E = 7{,}81 \frac{kg}{dm^3}\right)$

5. An einer Balkenwaage hängen zwei Körper, einer rechts, einer links vom Drehpunkt. Die Waage ist im Gleichgewicht. Sie bleibt auch im Gleichgewicht, wenn man sie, so wie sie ist, ganz unter Wasser stellt. Was lässt sich dann über die beiden am Waagebalken hängenden Körper aussagen?

a) Beide Körper haben die gleiche Form.
b) Beide Körper sind aus dem gleichen Material.
c) Beide Körper haben das gleiche Volumen.

6. Auf einer Küchenwaage steht ein mit Wasser gefülltes Gefäß. In das Gefäß wird eine an einem dünnen Faden hängende 100 g schwere Eisenkugel getaucht. Wie reagiert die Waage?

a) Die Anzeige ändert sich nicht.
b) Die Anzeige steigt um 100 g.
c) Die Anzeige steigt zwar, aber um weniger als 100 g.

7. Auf den beiden Seiten einer Tafelwaage stehen zwei mit Wasser gefüllte Gefäße. Die Waage ist im Gleichgewicht. In das rechts stehende Wassergefäß wird nun eine an einem dünnen Faden hängende massive Aluminiumkugel vollständig eingetaucht, in das links stehende eine gleich große massive Eisenkugel. Wie reagiert die Waage?

a) Die Waage bleibt im Gleichgewicht.
b) Die Waage neigt sich nach der Seite mit der Eisenkugel.
c) Die Waage neigt sich nach der Seite mit der Aluminiumkugel.

2 Schwimmen

Ein Körper, der auf einer Flüssigkeit schwimmt, taucht dabei nur so weit in die Flüssigkeit ein, bis die Auftriebskraft gleich seiner Gewichtskraft ist. Das ist genau dann der Fall, wenn die Gewichtskraft des von ihm beim Schwimmen verdrängten Flüssigkeitsvolumens genau so groß ist wie seine eigene Gewichtskraft.

Beispiel

Ein Schwimmer wiegt 75 kg. Die durchschnittliche Dichte seines Körpers beträgt $0{,}98\,\frac{\text{g}}{\text{cm}^3}$. Wie groß ist das Volumen seines Körpers, das beim Schwimmen in Meerwasser aus dem Wasser herausragt?

Gegeben: Masse des Schwimmers: $m = 75\,\text{kg}$
Durchschnittliche Dichte des Schwimmers: $\varrho_S = 0{,}98\,\frac{\text{g}}{\text{cm}^3} = 0{,}98\,\frac{\text{kg}}{\text{dm}^3}$
Dichte des Meerwassers: $\varrho_{Fl} = 1{,}02\,\frac{\text{g}}{\text{cm}^3} = 1{,}02\,\frac{\text{kg}}{\text{dm}^3}$

Gesucht: Aus dem Wasser ragendes Volumen: V

Lösung

Beim Schwimmen muss die Auftriebskraft F_A gleich der Gewichtskraft des schwimmenden Körpers F_{G_S} sein.

$$F_A = F_{G_S}$$

Die Auftriebskraft ergibt sich aus dem Archimedischen Gesetz,

$$F_A = V_{Fl} \cdot \varrho_{Fl} \cdot g$$

die Gewichtskraft des Schwimmers ist gleich dem Produkt aus seiner Masse und dem Ortsfaktor g.

$$F_{G_S} = m_S \cdot g$$

$$V_{Fl} \cdot \varrho_{Fl} \cdot g = m_S \cdot g$$

Wir teilen beide Seiten der Gleichung durch den Ortsfaktor g

$$V_{Fl} \cdot \varrho_{Fl} = m_S$$

und lösen nach dem gesuchten Volumen V_{Fl} auf.

$$V_{Fl} = \frac{m_S}{\varrho_{Fl}}$$

Das aus dem Wasser herausragende Volumen V ist gleich der Differenz aus dem Gesamtvolumen V_S des Schwimmers und dem eben ermittelten Volumen V_{Fl} des vom Schwimmer verdrängten Wassers.

$$V = V_S - V_{Fl}$$

$$V = V_S - \frac{m_S}{\varrho_{Fl}}$$

Das Gesamtvolumen V_S ergibt sich aus der Definitionsgleichung $\varrho = \frac{m}{V}$ der Dichte.

$$V_S = \frac{m_S}{\varrho_S}$$

Damit erhält man $V = \frac{m_S}{\varrho_S} - \frac{m_S}{\varrho_{Fl}} = m_S\left(\frac{1}{\varrho_S} - \frac{1}{\varrho_{Fl}}\right)$

Wir setzen die gegebenen Größen ein, $V = 75\,\text{kg}\left(\frac{1}{0{,}98\,\frac{\text{kg}}{\text{dm}^3}} - \frac{1}{1{,}02\,\frac{\text{kg}}{\text{dm}^3}}\right)$

führen die Zahlenrechnung durch, $V = 75\left(\frac{1}{0{,}98} - \frac{1}{1{,}02}\right)\text{kg} \cdot \frac{1}{\frac{\text{kg}}{\text{dm}^3}}$

bringen die Einheiten auf einen gemeinsamen Bruchstrich und kürzen sie soweit wie möglich. $V = 3{,}00\,\frac{\text{kg} \cdot \text{dm}^3}{\text{kg}} = 3{,}00\,\text{dm}^3$

Ergebnis: 3 dm³ des Körpers ragen beim Schwimmen aus dem Wasser heraus. Die ganze Kunst des Schwimmens besteht deshalb lediglich darin, durch geschickte Bewegungen zu erreichen, dass sich unter diesen 3 dm³ die Nase oder der Mund befinden. Das erreicht man am einfachsten, indem man sich im Wasser auf den Rücken legt („Toter Mann").

Aufgaben

8. Ein Eisenwürfel von 5 cm Kantenlänge schwimmt auf Quecksilber. Wie tief taucht er dabei ein?
(Dichte von Eisen: $\varrho_E = 7{,}8\,\frac{\text{g}}{\text{cm}^3}$; Dichte von Quecksilber: $\varrho_{Qu} = 13{,}6\,\frac{\text{g}}{\text{cm}^3}$)

9. Ein Holzfloß hat ein Gesamtvolumen von 12 m³. Wie viele Personen von durchschnittlich 75 kg können auf diesem Floß mitfahren, ohne nasse Füße zu bekommen?
(Dichte des Holzes: $\varrho_H = 0{,}80\,\frac{\text{kg}}{\text{dm}^3}$; Dichte des Wassers: $\varrho_W = 1{,}00\,\frac{\text{kg}}{\text{dm}^3}$)

10. Wie groß muss die Fläche einer 40 cm dicken Eisscholle sein, damit sie einen 75 kg schweren Menschen gerade noch trägt?
(Dichte von Wasser: $\varrho_W = 1{,}00\,\frac{\text{kg}}{\text{dm}^3}$; Dichte von Eis: $\varrho_E = 0{,}90\,\frac{\text{kg}}{\text{dm}^3}$)

11. Um zu verhindern, dass der Mensch aus Aufgabe 10 nasse Füße bekommt, soll die Eisscholle mindestens 2 cm aus dem Wasser herausragen. Wie groß muss dann ihre Fläche sein?

12. Nach einer Atlantiküberquerung fährt ein Schiff in die Mündung der Elbe ein, um im Hamburger Hafen seine Ladung zu löschen. Welche der folgenden Aussagen ist richtig?

a) Die Eintauchtiefe des Schiffes ändert sich bei der Einfahrt in die Elbmündung nicht.

b) Das Schiff taucht bei der Einfahrt in die Elbmündung tiefer in das Wasser ein.

c) Die Eintauchtiefe des Schiffes nimmt bei der Einfahrt in die Elbe ab.

3 Dichtebestimmung mit dem Archimedischen Gesetz

Sehr oft wird das Archimedische Gesetz zur Bestimmung der Dichte eines Stoffes verwendet.

Beispiel Ein Metallkörper mit einem Volumen von $125\,cm^3$ hat in Luft eine Gewichtskraft von 1,4 N. Völlig untergetaucht in Benzin beträgt seine Gewichtskraft dagegen nur noch 0,5 N. Wie groß ist die Dichte von Benzin?

Gegeben: Gewichtskraft in Luft: $F_L = 1{,}4\,N$
Gewichtskraft in Benzin: $F_B = 0{,}5\,N$
Volumen: $V = 125\,cm^3 = 0{,}125\,dm^3$
Ortsfaktor: $g = 9{,}81\,\frac{N}{kg}$

Gesucht: Dichte von Benzin: ϱ_B

Lösung

Wir gehen aus vom Archimedischen Gesetz $F_A = V \cdot \varrho_B \cdot g$

Die Auftriebskraft F_A ist gleich der Differenz aus der Gewichtskraft F_L des Metallkörpers in Luft und seiner Gewichtskraft F_B in Benzin. $F_A = F_L - F_B$

$$F_L - F_B = V \cdot \varrho_B \cdot g$$

Wir lösen die Gleichung nach der gesuchten Dichte auf,

$$\varrho_B = \frac{F_L - F_B}{V \cdot g}$$

setzen die gegebenen Größen ein,

$$\varrho_B = \frac{1{,}4\,N - 0{,}5\,N}{0{,}125\,dm^3 \cdot 9{,}81\,\frac{N}{kg}}$$

führen die Zahlenrechnung durch,

$$\varrho_B = \frac{1{,}4 - 0{,}5}{0{,}125 \cdot 9{,}81} \cdot \frac{N}{dm^3 \cdot \frac{N}{kg}}$$

bringen die Einheiten auf einen gemeinsamen Bruchstrich und kürzen sie soweit wie möglich.

$$\varrho_B = 0{,}73\,\frac{N \cdot kg}{dm^3 \cdot N} = 0{,}73\,\frac{kg}{dm^3}$$

Ergebnis: Die so bestimmte Dichte von Benzin beträgt $0{,}73\,\frac{kg}{dm^3}$.

Aufgaben

13. Zur Bestimmung der Dichte einer unbekannten Flüssigkeit wird ein Körper einmal in Luft, einmal in Wasser und einmal in der unbekannten Flüssigkeit gewogen. Die Gewichtskraft in Luft beträgt 0,63 N, die in Wasser 0,45 N und die in der unbekannten Flüssigkeit 0,48 N. Wie groß ist die Dichte der unbekannten Flüssigkeit?
(Dichte von Wasser: $\varrho_W = 1{,}00\,\frac{kg}{dm^3}$)

14. Eine massive Kupferkugel wiegt in Luft 2,136 N, völlig untergetaucht in Benzin dagegen nur noch 1,968 N. Wie groß ist die Dichte von Kupfer?
(Dichte von Benzin: $\varrho_B = 0{,}7\,\frac{kg}{dm^3}$)

15. Zur Bestimmung seiner Dichte wird ein Stück Kork, dessen Gewichtskraft 0,02 N beträgt, an einem Bleikörper mit der Gewichtskraft 0,66 N befestigt und zusammen mit ihm vollständig unter Wasser getaucht. Die Gewichtskraft der beiden aneinander haftenden Körper beträgt unter Wasser nur noch 0,54 N. Wie groß ist die Dichte von Kork?
(Dichte von Wasser: $\varrho_W = 1{,}00\,\frac{kg}{dm^3}$; Dichte von Blei: $\varrho_{Bl} = 11{,}35\,\frac{kg}{dm^3}$; Ortsfaktor: $g = 10\,\frac{N}{kg}$)

16. In einem Schwimmbecken schwimmt ein Boot. In dem Boot befindet sich ein großer, schwerer Stein. Was geschieht, wenn der Stein aus dem Boot ins Wasser geworfen wird?

a) Der Wasserspiegel des Schwimmbeckens steigt.
b) Der Wasserspiegel des Schwimmbeckens sinkt.
c) Der Wasserspiegel des Schwimmbeckens bleibt unverändert.

17. Bearbeite die vorhergehende Aufgabe für den Fall, dass es sich nicht um einen Stein, sondern um einen Holzklotz handelt.

Lösungen

A Dichte

▶ Seite 7

1. Aufgabe

Gegeben: Masse des Würfels: $m = 44{,}8\,\text{kg}$

Kantenlänge des Würfels: $k = 40\,\text{cm} = 4\,\text{dm}$

Gesucht: Dichte des Würfels: ϱ

Lösungsplan: Für das Volumen eines Würfels mit der Kantenlänge k gilt: $V = k^3$. Dieser Wert wird zusammen mit der gegebenen Masse in die Definitionsgleichung der Dichte $\varrho = \frac{m}{V}$ eingesetzt. Es empfiehlt sich, die Einheiten kg und dm bzw. dm^3 zu verwenden. Man erhält dann die gesuchte Dichte in der Einheit $\frac{\text{kg}}{\text{dm}^3}$.

Lösung

$$\varrho = \frac{m}{V} \Rightarrow \varrho = \frac{m}{k^3}$$

$$\varrho = \frac{44{,}8\,\text{kg}}{(4\,\text{dm})^3} = \left(\frac{44{,}8}{4^3}\right)\frac{\text{kg}}{\text{dm}^3} = 0{,}7\,\frac{\text{kg}}{\text{dm}^3}$$

Ergebnis: Der Würfel hat eine Dichte von $0{,}7\,\frac{\text{kg}}{\text{dm}^3}$.

2. Aufgabe

Gegeben: Dichte des Benzins: $\varrho = 0{,}72\,\frac{\text{kg}}{\text{dm}^3}$

Volumen des Benzins: $V = 73$ Liter $= 73\,\text{dm}^3$

Gesucht: Masse des Benzins: m

Lösungsplan: Das Auto ist um die Masse des getankten Benzins schwerer geworden. Diese Masse ergibt sich aus der nach m aufgelösten Definitionsgleichung der Dichte $\varrho = \frac{m}{V}$. Beachte: 1 Liter = $1\,\text{dm}^3$ und $1\,\frac{\text{g}}{\text{cm}^3} = 1\,\frac{\text{kg}}{\text{dm}^3}$.

Lösung

$$\varrho = \frac{m}{V} \Rightarrow m = \varrho \cdot V$$

$$m = 0{,}72\,\frac{\text{kg}}{\text{dm}^3} \cdot 73\,\text{dm}^3 = (0{,}72 \cdot 73)\frac{\text{kg} \cdot \text{dm}^3}{\text{dm}^3} = 52{,}56\,\text{kg}$$

Ergebnis: Das Auto ist um 52,56 kg schwerer geworden.

3. Aufgabe

▶ Seite 7

Gegeben: Dichte des Quecksilbers: $\varrho = 13{,}6\,\frac{\text{kg}}{\text{dm}^3}$
Masse des Quecksilbers: $m = 12\,\text{kg}$

Gesucht: Volumen des Quecksilbers: V

Lösungsplan: Das Fassungsvermögen des Gefäßes muss mindestens gleich dem Volumen von 12 kg Quecksilber sein. Dieses ergibt sich aus der nach V aufgelösten Definitionsgleichung der Dichte $\varrho = \frac{m}{V}$. Es empfiehlt sich, die Masse m in der Einheit kg und die Dichte ϱ in der Einheit $\frac{\text{kg}}{\text{dm}^3}$ einzusetzen. Man erhält dann das gesuchte Volumen in der Einheit dm^3 bzw. Liter.

Lösung

$$\varrho = \frac{m}{V} \Rightarrow V = \frac{m}{\varrho}$$

$$V = \frac{12\,\text{kg}}{13{,}6\,\frac{\text{kg}}{\text{dm}^3}} = \left(\frac{12}{13{,}6}\right)\frac{\text{kg}\cdot\text{dm}^3}{\text{kg}} = 0{,}882\,\text{dm}^3$$

Ergebnis: Um die 12 kg Quecksilber abzufüllen, genügt ein Gefäß mit einem Fassungsvermögen von 0,882 Litern.

4. Aufgabe

Gegeben: Länge des Daches: $l = 18\,\text{m} = 180\,\text{dm}$
Breite des Daches: $b = 9\,\text{m} = 90\,\text{dm}$
Höhe der Schneeschicht: $h = 25\,\text{cm} = 2{,}5\,\text{dm}$
Dichte der Schneeschicht: $\varrho = 0{,}2\,\frac{\text{kg}}{\text{dm}^3}$

Gesucht: Masse des Schnees: m

Lösungsplan: Für das Volumen V der quaderförmigen Schneeschicht der Länge l, der Breite b und der Höhe h gilt $V = l \cdot b \cdot h$. Die gesuchte Masse der Schneeschicht ergibt sich damit aus der nach m aufgelösten Definitionsgleichung der Dichte $\varrho = \frac{m}{V}$. Es empfiehlt sich, Länge, Breite und Höhe der Schneeschicht in der Einheit dm und die Dichte in der Einheit $\frac{\text{kg}}{\text{dm}^3}$ einzusetzen. Man erhält dann die gesuchte Masse in der Einheit kg.

Lösung

$$\varrho = \frac{m}{V} \Rightarrow m = \varrho \cdot V = \varrho \cdot l \cdot b \cdot h$$

$$m = 0{,}2\,\frac{\text{kg}}{\text{dm}^3} \cdot 180\,\text{dm} \cdot 90\,\text{dm} \cdot 2{,}5\,\text{dm}$$

$$m = (0{,}2 \cdot 180 \cdot 90 \cdot 2{,}5)\,\frac{\text{kg}\cdot\text{dm}^3}{\text{dm}^3} = 8100\,\text{kg}$$

Ergebnis: Der auf dem Dach liegende Schnee hat eine Masse von 8100 kg.

▶ Seite 7

5. Aufgabe

Gegeben: Länge des Zimmers: $l = 6\,\text{m}$
Breite des Zimmers: $b = 4\,\text{m}$
Höhe des Zimmers: $h = 2{,}7\,\text{m}$
Dichte der Luft: $\varrho = 1{,}3\,\frac{\text{g}}{\text{dm}^3} = 1{,}3\,\frac{\text{kg}}{\text{m}^3}$

Gesucht: Masse der Luft: m

Lösungsplan: Da die Luft das quaderförmige Zimmer ganz ausfüllt, ergibt sich ihr Volumen V aus der Länge l, der Breite b und der Höhe h des Zimmers: $V = l \cdot b \cdot h$. Damit ergibt sich die gesuchte Masse aus der nach m aufgelösten Definitionsgleichung der Dichte $\varrho = \frac{m}{V}$. Es empfiehlt sich, die Dichte der Luft in der Einheit $\frac{\text{kg}}{\text{m}^3}$ und Länge, Breite und Höhe des Luftquaders in der Einheit m einzusetzen.

Lösung

$$\varrho = \frac{m}{V} \Rightarrow m = \varrho \cdot V = \varrho \cdot l \cdot b \cdot h$$

$$m = 1{,}3\,\frac{\text{kg}}{\text{m}^3} \cdot 6\,\text{m} \cdot 4\,\text{m} \cdot 2{,}7\,\text{m} = (1{,}3 \cdot 6 \cdot 4 \cdot 2{,}7)\,\frac{\text{kg} \cdot \text{m}^3}{\text{m}^3}$$

$$m = 84{,}24\,\text{kg}$$

Ergebnis: Die Masse der im Zimmer befindlichen Luft beträgt 84,24 kg.

6. Aufgabe

Gegeben: Länge der Aluminiumplatte: $l = 1{,}5\,\text{m} = 150\,\text{cm}$
Breite der Aluminiumplatte: $b = 60\,\text{cm}$
Masse der Aluminiumplatte: $m = 140{,}4\,\text{kg} = 140\,400\,\text{g}$
Dichte von Aluminium: $\varrho_{\text{Al}} = 2{,}7\,\frac{\text{g}}{\text{cm}^3}$

Gesucht: Dicke der Aluminiumplatte: d

Lösungsplan: Die gesuchte Dicke der Aluminiumplatte erhält man, wenn man in die Definitionsgleichung der Dichte $\varrho = \frac{m}{V}$ für das Volumen V das Produkt aus Länge l, Breite b und Dicke d der quaderförmigen Platte einsetzt und die so erhaltene Gleichung nach d auflöst.

Lösung

$$\varrho_{\text{Al}} = \frac{m}{V} \xrightarrow{V = l \cdot b \cdot d} \varrho_{\text{Al}} = \frac{m}{l \cdot b \cdot d} \Rightarrow d = \frac{m}{l \cdot b \cdot \varrho_{\text{Al}}}$$

$$d = \frac{140\,400\,\text{g}}{150\,\text{cm} \cdot 60\,\text{cm} \cdot 2{,}7\,\frac{\text{g}}{\text{cm}^3}} = \left(\frac{140\,400}{150 \cdot 60 \cdot 2{,}7}\right)\frac{\text{g} \cdot \text{cm}^3}{\text{cm}^2 \cdot \text{g}} = 5{,}8\,\text{cm}$$

Ergebnis: Die Aluminiumplatte ist 5,8 cm dick.

7. Aufgabe

► Seite 7

Gegeben: Länge, Breite und Masse wie in Aufgabe 6

Dichte von Stahl: $\varrho_{\text{Stahl}} = 7{,}8\,\frac{\text{g}}{\text{cm}^3}$

Gesucht: Dicke der Stahlplatte: d_{Stahl}

Lösungsplan: Die Volumina V_1 und V_2 zweier Stoffe mit gleicher Masse verhalten sich umgekehrt wie ihre Dichten: $\frac{V_1}{V_2} = \frac{\varrho_2}{\varrho_1}$. Da es sich im vorliegenden Fall um Quader mit gleicher Länge und Breite handelt, kann man an Stelle der Volumina auch die Dicken der beiden Platten setzen.

Lösung

$$\left.\begin{aligned} \varrho_{\text{Al}} &= \frac{m}{l \cdot b \cdot d_{\text{Al}}} \\ \varrho_{\text{Stahl}} &= \frac{m}{l \cdot b \cdot d_{\text{Stahl}}} \end{aligned}\right\} \Rightarrow \frac{\varrho_{\text{Al}}}{\varrho_{\text{Stahl}}} = \frac{d_{\text{Stahl}}}{d_{\text{Al}}}$$

$$\Rightarrow d_{\text{Stahl}} = \frac{\varrho_{\text{Al}}}{\varrho_{\text{Stahl}}} \cdot d_{\text{Al}} = \frac{2{,}7\,\frac{\text{g}}{\text{cm}^3}}{7{,}8\,\frac{\text{g}}{\text{cm}^3}} \cdot 5{,}8\,\text{cm}$$

$$d_{\text{Stahl}} = \left(\frac{2{,}7 \cdot 5{,}8}{7{,}8}\right)\text{cm} = 2{,}0\,\text{cm}$$

Ergebnis: Die Stahlplatte müsste 2 cm dick sein.

8. Aufgabe

Gegeben: Dicke der Stahlplatte: $d_{\text{Stahl}} = 2{,}0\,\text{cm}$

Dichte von Stahl: $\varrho_{\text{Stahl}} = 7{,}8\,\frac{\text{g}}{\text{cm}^3}$

Dichte von Blei: $\varrho_{\text{Blei}} = 11{,}3\,\frac{\text{g}}{\text{cm}^3}$

Grundfläche der Stahlplatte = Grundfläche der Bleiplatte

Masse der Stahlplatte = Masse der Bleiplatte

Gesucht: Dicke der Bleiplatte: d_{Blei}

Lösungsplan: Wie in Aufgabe 7.

Lösung

$$d_{\text{Blei}} = \frac{\varrho_{\text{Stahl}}}{\varrho_{\text{Blei}}} \cdot d_{\text{Al}}$$

$$d_{\text{Blei}} = \frac{7{,}8\,\frac{\text{g}}{\text{cm}^3}}{11{,}3\,\frac{\text{g}}{\text{cm}^3}} \cdot 2{,}0\,\text{cm} = \left(\frac{7{,}8 \cdot 2{,}0}{11{,}3}\right)\text{cm} = 1{,}4\,\text{cm}$$

Ergebnis: Die Bleiplatte hat bei gleicher Masse und gleicher Grundfläche wie die 2,0 cm dicke Stahlplatte eine Dicke von 1,4 cm.

B Gesetz von Hooke

▶ Seite 9

1. Aufgabe

Gegeben: Betrag der Kraft: $F = 18\,\text{N}$
Verlängerung: $s = 45\,\text{mm} = 4{,}5\,\text{cm}$

Gesucht: Federkonstante: D

Lösungsplan: Die gegebenen Größen werden in das Hooke'sche Gesetz eingesetzt.

Lösung

$$F = D \cdot s \Rightarrow D = \frac{F}{s}$$

$$D = \frac{18\,\text{N}}{4{,}5\,\text{cm}} = \left(\frac{18}{4{,}5}\right)\frac{\text{N}}{\text{cm}} = 4\,\frac{\text{N}}{\text{cm}}$$

Ergebnis: Die Federkonstante beträgt $4\,\frac{\text{N}}{\text{cm}}$.

2. Aufgabe

Gegeben: Federkonstante: $D = 1{,}2\,\frac{\text{N}}{\text{mm}} = 12\,\frac{\text{N}}{\text{cm}}$
Verlängerung: $s = 1{,}4\,\text{dm} = 14\,\text{cm}$

Gesucht: Kraft: F

Lösungsplan: Die gegebenen Größen werden in das nach der gesuchten Kraft F aufgelöste Hooke'sche Gesetz eingesetzt.

Lösung

$$F = D \cdot s = 12\,\frac{\text{N}}{\text{cm}} \cdot 14\,\text{cm} = (12 \cdot 14)\,\frac{\text{N} \cdot \text{cm}}{\text{cm}} = 168\,\text{N}$$

Ergebnis: Die zur Verlängerung erforderliche Kraft beträgt 168 N.

3. Aufgabe

▶ Seite 9

Gegeben: Länge der unbelasteten Feder: $l_0 = 28\,\text{cm}$
Länge der belasteten Feder: $l_B = 35\,\text{cm}$
An der Feder ziehende Gewichtskraft: $F = 1{,}75\,\text{N}$

Gesucht: Federkonstante: D

Lösungsplan: In das Hooke'sche Gesetz wird für die Verlängerung s die Differenz aus der Länge der belasteten Feder und der Länge der unbelasteten Feder eingesetzt.

Lösung

$F = D \cdot s \Rightarrow D = \frac{F}{s}$

$s = l_B - l_0$

$$D = \frac{F}{l_B - l_0}$$

$$D = \frac{1{,}75\,\text{N}}{35\,\text{cm} - 28\,\text{cm}} = \left(\frac{1{,}75}{35 - 28}\right)\frac{\text{N}}{\text{cm}} = 0{,}25\,\frac{\text{N}}{\text{cm}}$$

Ergebnis: Die Federkonstante beträgt $0{,}25\,\frac{\text{N}}{\text{cm}}$.

4. Aufgabe

Gegeben: 1. Kraft: $F_1 = 2{,}8\,\text{N}$
Zugehörige Verlängerung: $s_1 = 7\,\text{cm}$
2. Kraft: $F_2 = 5{,}2\,\text{N}$

Gesucht: Verlängerung bei F_2: s_2

Lösungsplan: Die Berechnung der nicht gegebenen Federkonstante D lässt sich umgehen, wenn man das Hooke'sche Gesetz in der Form $\frac{F_1}{s_1} = \frac{F_2}{s_2}$ verwendet.

Lösung

$$\frac{F_1}{s_1} = \frac{F_2}{s_2} \Rightarrow s_2 = \frac{F_2 \cdot s_1}{F_1}$$

$$s_2 = \frac{5{,}2\,\text{N} \cdot 7\,\text{cm}}{2{,}8\,\text{N}} = \left(\frac{5{,}2 \cdot 7}{2{,}8}\right)\frac{\text{N} \cdot \text{cm}}{\text{N}} = 13\,\text{cm}$$

Ergebnis: Unter dem Einfluss einer Kraft von 5,7 N verlängert sich die Feder um 13 cm.

▶ Seite 9

5. Aufgabe

Gegeben: Länge der unbelasteten Feder: $l_0 = 30\,\text{cm}$
Belastung 1: $F_1 = 24\,\text{N}$
Länge bei der Belastung 1: $l_1 = 36\,\text{cm}$
Belastung 2: $F_2 = 42\,\text{N}$

Gesucht: Länge bei der Belastung 2: l_2

Lösungsplan: Die gesuchte Verlängerung ergibt sich aus dem Hooke'schen Gesetz in der Form $\frac{F_1}{s_1} = \frac{F_2}{s_2}$, wobei die Verlängerungen s_1 und s_2 jeweils gleich der Differenz aus der Länge der belasteten und der Länge der unbelasteten Feder sind.

Lösung

$$\frac{F_1}{s_1} = \frac{F_2}{s_2}$$

$$s_1 = l_1 - l_0$$

$$s_2 = l_2 - l_0$$

$$\frac{F_1}{l_1 - l_0} = \frac{F_2}{l_2 - l_0}$$

$$l_2 = \frac{F_2 \cdot (l_1 - l_0)}{F_1} + l_0$$

$$l_2 = \frac{42\,\text{N} \cdot (36\,\text{cm} - 30\,\text{cm})}{24\,\text{N}} + 30\,\text{cm} = 40{,}5\,\text{cm}$$

Ergebnis: Bei einer Belastung von 42 N ist die Feder 40,5 cm lang.

6. Aufgabe

Gegeben: Länge der unbelasteten Feder: $l_0 = 48\,\text{cm}$
Belastung 1: $F_1 = 0{,}12\,\text{N}$
Länge bei Belastung 1: $l_1 = 50\,\text{cm}$
Länge bei Belastung 2: $l_2 = 60\,\text{cm}$

Gesucht: Belastung 2: F_2

Lösungsplan: Die gesuchte Kraft ergibt sich aus dem Hooke'schen Gesetz in der Form $\frac{F_1}{s_1} = \frac{F_2}{s_2}$, wobei die Verlängerungen s_1 und s_2 jeweils gleich der Differenz aus der Länge der unbelasteten Feder und der Länge der belasteten Feder sind.

Lösung

$$\frac{F_1}{s_1} = \frac{F_2}{s_2} \Rightarrow \frac{F_1}{l_1 - l_0} = \frac{F_2}{l_2 - l_0} \Rightarrow F_2 = \frac{F_1 \cdot (l_2 - l_0)}{l_1 - l_0}$$

$$F_2 = \frac{0{,}12\,\text{N} \cdot (60\,\text{cm} - 48\,\text{cm})}{50\,\text{cm} - 48\,\text{cm}} = 0{,}72\,\text{N}$$

Ergebnis: Um die Feder auf eine Länge von 60 cm auszudehnen, bedarf es einer Kraft von 0,72 N.

7. Aufgabe

▶ Seite 11

Lösungsplan: Genau wie im Beispiel auf Seite 10 mit vertauschter Reihenfolge.

Ergebnis: Die Gesamtlänge beider Federn beträgt 77,3 cm.

8. Aufgabe

Gegeben: Federkonstante der 1. Feder: $D_1 = 0{,}8\,\frac{\text{N}}{\text{cm}}$

Federkonstante der 2. Feder: $D_2 = 1{,}2\,\frac{\text{N}}{\text{cm}}$

Ziehende Kraft: $F = 3{,}6\,\text{N}$

Gesucht: Verlängerung: s

Lösungsplan: Die ziehende Kraft von 3,6 N wirkt sowohl auf die erste, als auch auf die zweite Feder. Die Verlängerungen, die sie dabei an den beiden Federn bewirkt, ergeben sich aus dem nach s aufgelösten Hooke'schen Gesetz $\frac{F}{s} = D$. Die Summe dieser beiden Verlängerungen ist gleich der Gesamtverlängerung der beiden aneinander hängenden Federn.

Lösung

$F = D \cdot s \Rightarrow s = \frac{F}{D}$

1. Feder: $s_1 = \frac{3{,}6\,\text{N}}{0{,}8\,\frac{\text{N}}{\text{cm}}} = 4{,}5\,\text{cm}$

2. Feder: $s_2 = \frac{3{,}6\,\text{N}}{1{,}2\,\frac{\text{N}}{\text{cm}}} = 3\,\text{cm}$

Gesamtverlängerung: $s = s_1 + s_2 = 7{,}5\,\text{cm}$

Ergebnis: Die Verlängerung beträgt 7,5 cm.

9. Aufgabe

Gegeben: Ziehende Kraft: $F = 3{,}6\,\text{N}$

Verlängerung: $s = 7{,}5\,\text{cm}$

Gesucht: Federkonstante: D

Lösungsplan: Die gesuchte Federkonstante ergibt sich aus dem Hooke'schen Gesetz, wenn man für F die 3,6 N und für s die in der vorhergehenden Übung ermittelte Gesamtverlängerung der beiden Federn einsetzt.

Lösung

$F = D \cdot s \Rightarrow D = \frac{F}{s} = \frac{3{,}6\,\text{N}}{7{,}5\,\text{cm}} = 0{,}48\,\frac{\text{N}}{\text{cm}}$

Ergebnis: Die Federkombination hat eine Federkonstante von $0{,}48\,\frac{\text{N}}{\text{cm}}$.

▶ Seite 11

10. Aufgabe

Gegeben: Federkonstante der 1. Feder: $D_1 = 2\frac{\text{N}}{\text{cm}}$

Federkonstante der 2. Feder: $D_2 = 6\frac{\text{N}}{\text{cm}}$

Gesucht: Federkonstante der zusammengesetzten Feder: D

Lösungsplan: Die Verlängerung, die die zusammengesetzte Feder durch die Kraft F erfährt, ist gleich der Summe der Verlängerungen, die jede der beiden Federn einzeln durch die Kraft F erfahren würde. Diese beiden Verlängerungen lassen sich mithilfe des nach s aufgelösten Hooke'schen Gesetzes $F = D \cdot s$ als Quotient aus der unbekannten Kraft F und den bekannten Federkonstanten D_1 und D_2 ausdrücken. Die Federkonstante der zusammengesetzten Feder ergibt sich damit aus dem nach D aufgelösten Hooke'schen Gesetz. Dabei kürzt sich die unbekannte Kraft F heraus.

Lösung

$$F = D \cdot s \Rightarrow D = \frac{F}{s}$$

$$s = s_1 + s_2 = \frac{F}{D_1} + \frac{F}{D_2}$$

$$D = \frac{F}{\frac{F}{D_1} + \frac{F}{D_2}} = \frac{F}{F \cdot \left(\frac{1}{D_1} + \frac{1}{D_2}\right)} = \frac{1}{\frac{1}{D_1} + \frac{1}{D_2}}$$

$$\Rightarrow \frac{1}{D} = \frac{1}{D_1} + \frac{1}{D_2}$$

$$\frac{1}{D} = \frac{1}{2\frac{\text{N}}{\text{cm}}} + \frac{1}{6\frac{\text{N}}{\text{cm}}} = \frac{4}{6\frac{\text{N}}{\text{cm}}} \Rightarrow D = \frac{6\frac{\text{N}}{\text{cm}}}{4} = 1{,}5\frac{\text{N}}{\text{cm}}$$

Ergebnis: Die zusammengesetzte Feder hat eine Federkonstante von $1{,}5\frac{\text{N}}{\text{cm}}$.

11. Aufgabe

Gegeben: Federkonstante einer einzelnen Feder: $D = 60\frac{\text{N}}{\text{m}}$

Kraft: $F = 240\,\text{N}$

Gesucht: Dehnung: s

Lösungsplan: Auf jeder der fünf parallel gespannten Federn wirkt nur der 5. Teil der Kraft. Die dadurch bewirkte Verlängerung ist bei allen fünf Federn gleich.

Lösung

$$F = D \cdot s \Rightarrow s = \frac{F}{D}$$

$$s = \frac{240\,\text{N} : 5}{60\frac{\text{N}}{\text{m}}} = 0{,}8\,\text{m}$$

Ergebnis: Der Expander wird um 80 cm gedehnt.

12. Aufgabe

▶ Seite 11

Gegeben: Kraft: $F = 240\,\text{N}$
Dehnung: $s = 0{,}8\,\text{m}$

Gesucht: Federkonstante: D

Lösungsplan: Die gesuchte Federkonstante ergibt sich aus dem Hooke'schen Gesetz, wenn man die in Aufgabe 11 berechnete Verlängerung einsetzt.

Lösung

$$F = D \cdot s \;\Rightarrow\; D = \frac{F}{s} = \frac{240\,\text{N}}{0{,}8\,\text{m}} = 300\,\frac{\text{N}}{\text{m}}$$

Ergebnis: Die Federkonstante des Expanders beträgt $300\,\frac{\text{N}}{\text{m}}$.

13. Aufgabe

Gegeben: Gewichtskraft des Waggons: $F_G = 1200\,\text{kN} = 1\,200\,000\,\text{N}$
Rollreibungszahl: $\mu = 0{,}015$
Federkonstante: $D = 75\,\frac{\text{N}}{\text{mm}} = 75\,000\,\frac{\text{N}}{\text{m}}$

Gesucht: Verkürzung der Pufferfedern: s

Lösungsplan: Auch beim Zusammendrücken einer Schraubenfeder lässt sich das Gesetz von Hooke verwenden. Die Kraft, mit der die Lokomotive die beiden Pufferfedern zusammendrückt, ist gleich der Reibungskraft. Diese ist gemäß dem Reibungsgesetz gleich dem Produkt aus der Rollreibungszahl μ und der Gewichtskraft F_G des Waggons: $F = \mu \cdot F_G$. Die Kraft der Lokomotive verteilt sich gleichmäßig auf die beiden Pufferfedern. Auf jede Pufferfeder wirkt also die halbe Reibungskraft.

Lösung

$$F = D \cdot s \;\Rightarrow\; s = \frac{F}{D}$$

Für jede der beiden Pufferfedern gilt: $F = \frac{1}{2} \cdot F_R = \frac{1}{2} \cdot \mu \cdot F_G$

$$s = \frac{\frac{1}{2} \cdot \mu \cdot F_G}{D} = \frac{\mu \cdot F_G}{2 \cdot D}$$

$$s = \frac{0{,}015 \cdot 1\,200\,000\,\text{N}}{2 \cdot 75\,000\,\frac{\text{N}}{\text{m}}} = \left(\frac{0{,}015 \cdot 1\,200\,000}{2 \cdot 75\,000}\right) \frac{\text{N} \cdot \text{m}}{\text{N}}$$

$$s = 0{,}12\,\text{m}$$

Ergebnis: Die Pufferfedern werden um 12 cm zusammengedrückt.

C Hebel

▶ Seite 13

1. Aufgabe

Gegeben: Gewichtskraft des links hängenden Massenstückes: $F_l = 72\,\text{N}$
Abstand des links hängenden Massenstücks von der Drehachse: $a_l = 12\,\text{cm}$
Gewichtskraft des rechts von der Drehachse anzubringenden Massenstücks: $F_r = 16\,\text{N}$

Gesucht: Abstand der rechts wirkenden Kraft von der Drehachse: a_r

Lösungsplan: Da am Hebel nur dann Gleichgewicht herrscht, wenn die Summe der rechtsdrehenden Drehmomente gleich der Summe der linksdrehenden Drehmomente ist, ergibt sich für den vorliegenden Fall die Beziehung $F_r \cdot a_r = F_l \cdot a_l$. Aus ihr lässt sich die gesuchte Größe a_r berechnen.

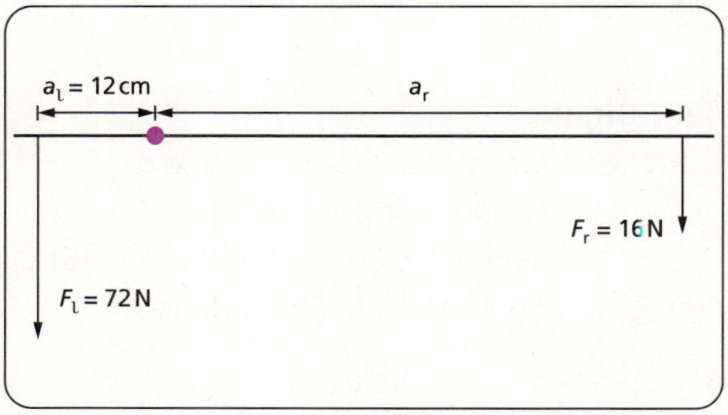

Lösung

$$F_r \cdot a_r = F_l \cdot a_l \Rightarrow a_r = \frac{F_l \cdot a_l}{F_r}$$

$$a_r = \frac{72\,\text{N} \cdot 12\,\text{cm}}{16\,\text{N}} = \left(\frac{72 \cdot 12}{16}\right)\frac{\text{N} \cdot \text{cm}}{\text{N}}$$

$$a_r = 54\,\text{cm}$$

Ergebnis: Das Massenstück mit der Gewichtskraft von 16 N muss 54 cm rechts von der Drehachse angehängt werden.

2. Aufgabe

▶ Seite 14

Gegeben: Gewichtskraft des rechts hängenden Massenstückes: $F_r = 24\,\text{N}$
Abstand des rechts hängenden Massenstücks von der Drehachse:
$a_r = 30\,\text{cm}$
Abstand des links hängenden Massenstückes von der Drehachse:
$a_l = 48\,\text{cm}$

Gesucht: Gewichtskraft des links hängenden Massenstückes: F_1

Lösungsplan: Entsprechend Aufgabe 1.

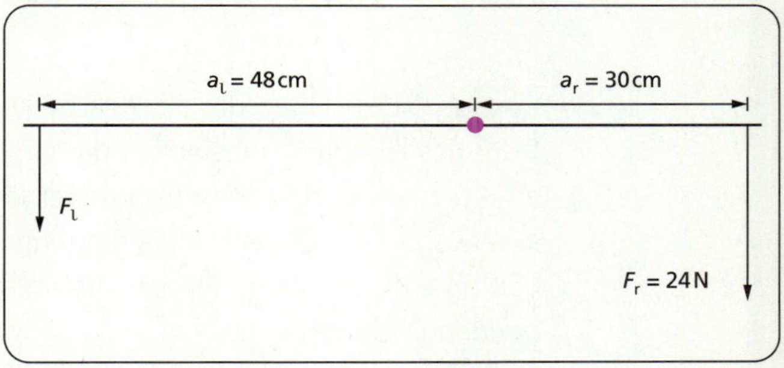

Lösung

$$F_r \cdot a_r = F_l \cdot a_l \Rightarrow F_l = \frac{F_r \cdot a_r}{a_l}$$

$$F_l = \frac{24\,\text{N} \cdot 30\,\text{cm}}{48\,\text{cm}} = \left(\frac{24 \cdot 30}{48}\right)\frac{\text{N} \cdot \text{cm}}{\text{cm}} = 15\,\text{N}$$

Ergebnis: Das links von der Drehachse hängende Massenstück muss eine Gewichtskraft von 15 N haben.

3. Aufgabe

Gegeben: Nach unten wirkende Kraft: $F_u = 750\,\text{N}$
Abstand der nach unten wirkenden Kraft von der Drehachse:
$a_u = 15\,\text{cm}$
Abstand der nach oben wirkenden Kraft von der Drehachse:
$a_o = 125\,\text{cm}$

Gesucht: Nach oben wirkende Kraft: F_o

Lösungsplan: Das Drehmoment, welches durch die nach oben gerichtete Kraft verursacht wird, muss gleich dem Drehmoment sein, das durch die nach unten gerichtete Kraft bewirkt wird. Der Abstand der Wirkungslinie der nach oben gerichteten Kraft von der Drehachse ist gleich der Länge des einarmigen Hebels.

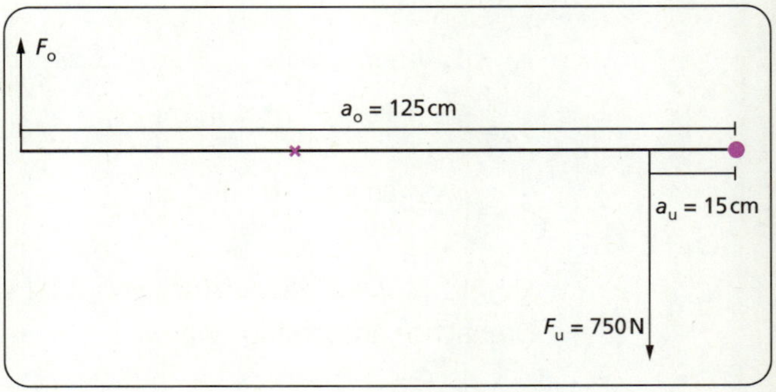

Lösung

$$F_u \cdot a_u = F_o \cdot a_o \Rightarrow F_o = \frac{F_u \cdot a_u}{a_o}$$

$$F_o = \frac{750\,\text{N} \cdot 15\,\text{cm}}{125\,\text{cm}} = \left(\frac{750 \cdot 15}{125}\right)\frac{\text{N} \cdot \text{cm}}{\text{cm}} = 90\,\text{N}$$

Ergebnis: Die am freien Ende des einarmigen Hebels senkrecht nach oben wirkende Kraft muss einen Betrag von 90 N haben.

▶ Seite 14

4. Aufgabe

Gegeben: Länge des Hebels: $l = 120\,\text{cm}$
Gewichtskräfte der an den Hebelenden angreifenden Massenstücke:
$F_1 = F_2 = 7{,}5\,\text{N}$
Abstand der Kraft F_1 von der Drehachse: $a_1 = 40\,\text{cm}$
Abstand der Kraft F_2 von der Drehachse: $a_2 = 120\,\text{cm} - 40\,\text{cm} = 80\,\text{cm}$
Gewichtskraft des zusätzlichen Massenstücks: $F_3 = 20\,\text{N}$

Gesucht: Abstand des Massenstückes mit 20 N Gewichtskraft von der Drehachse: a_3

Lösungsplan: Ohne das zusätzliche Massenstück würde sich der Hebel nach der Seite des längeren Hebelarmes drehen. Das zusätzliche Massenstück muss also am kürzeren Hebelarm befestigt werden. Sein Abstand von der Drehachse ergibt sich aus der Gleichgewichtsbedingung:
„Summe der rechtsdrehenden Drehmomente ist gleich Summe der linksdrehenden Drehmomente“.

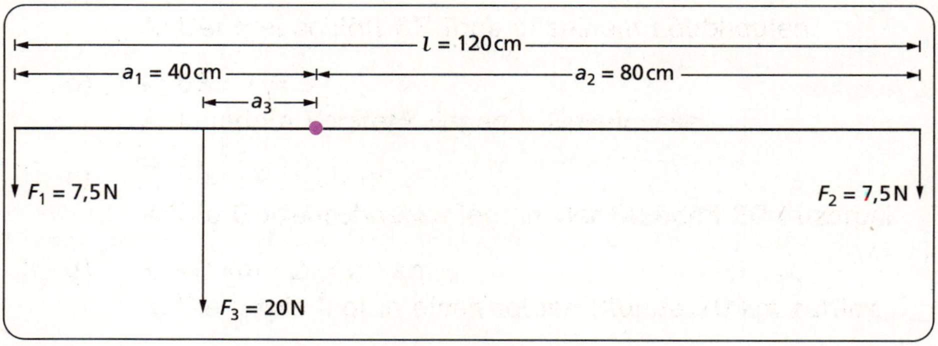

Lösung

$$F_1 \cdot a_1 + F_3 \cdot a_3 = F_2 \cdot a_2 \Rightarrow a_3 = \frac{F_2 \cdot a_2 - F_1 \cdot a_1}{F_3}$$

$$a_3 = \frac{7{,}5\,\text{N} \cdot 80\,\text{cm} - 7{,}5\,\text{N} \cdot 40\,\text{cm}}{20\,\text{N}}$$

$$a_3 = \left(\frac{7{,}5 \cdot (80 - 40)}{20}\right) \frac{\text{N} \cdot \text{cm}}{\text{N}} = 15\,\text{cm}$$

Ergebnis: Das Massenstück von 20 N Gewichtskraft muss 15 cm links von der Drehachse aufgehängt werden.

5. Aufgabe ▶ Seite 14

Gegeben: Summe der linksdrehenden Drehmomente:

$D_l = 12\,\text{N} \cdot 36\,\text{cm} + 8\,\text{N} \cdot 20\,\text{cm} + 15\,\text{N} \cdot 5\,\text{cm} = 667\,\text{N} \cdot \text{cm}$

Summe der rechtsdrehenden Drehmomente:

$D_r = 9\,\text{N} \cdot 55\,\text{cm} + 18\,\text{N} \cdot 30\,\text{cm} + 6\,\text{N} \cdot 20\,\text{cm} = 1155\,\text{N} \cdot \text{cm}$

Gewichtskraft des zusätzlichen Massenstücks: $F = 8\,\text{N}$

Gesucht: Abstand des zusätzlichen Massenstücks von der Drehachse: a

Lösungsplan: Um den Hebel ins Gleichgewicht zu bringen, muss mit dem zusätzlichen Massenstück ein linksdrehendes Drehmoment der Größe $D = D_r - D_l$ erzeugt werden. Es muss berechnet werden, in welcher Entfernung von der Drehachse das zusätzliche Massenstück von 8 N Gewichtskraft angebracht werden muss. Ist diese Entfernung größer als die halbe Hebellänge, ist es nicht möglich, den Hebel damit ins Gleichgewicht zu bringen.

Lösung

$$D = F \cdot a \xrightarrow{D = D_r - D_l} D_r - D_l = F \cdot a \Rightarrow a = \frac{D_r - D_l}{F}$$

$$a = \frac{1155\,\text{N} \cdot \text{cm} - 667\,\text{N} \cdot \text{cm}}{8\,\text{N}} = \left(\frac{1155 - 667}{8}\right)\frac{\text{N} \cdot \text{cm}}{\text{N}} = 61\,\text{cm}$$

Ergebnis: Es ist nicht möglich, den Hebel mit einem Massenstück von 8 N Gewichtskraft ins Gleichgewicht zu bringen. Dieses Massenstück müsste in einem Abstand von 61 cm von der Drehachse angebracht werden. Die beiden Hebelarme sind aber nur je $120\,\text{cm} : 2 = 60\,\text{cm}$ lang.

6. Aufgabe

Gegeben: Länge der Stange: $l = 100\,\text{cm}$

Betrag der 1. Kraft: $F_1 = 140\,\text{N}$

Betrag der 2. Kraft: $F_2 = 60\,\text{N}$

Gesucht: Abstand der Schneide von der Wirkungslinie der Kraft F_1: d_1

Lösungsplan: Die durch die Schneide unterstützte Stange stellt einen Hebel dar, dessen Drehachse mit der Schneide übereinstimmt. Für die Abstände d_1 und d_2 der Schneide von den beiden Enden der Stange gilt $d_1 + d_2 = l$ bzw. $d_2 = l - d_1$.

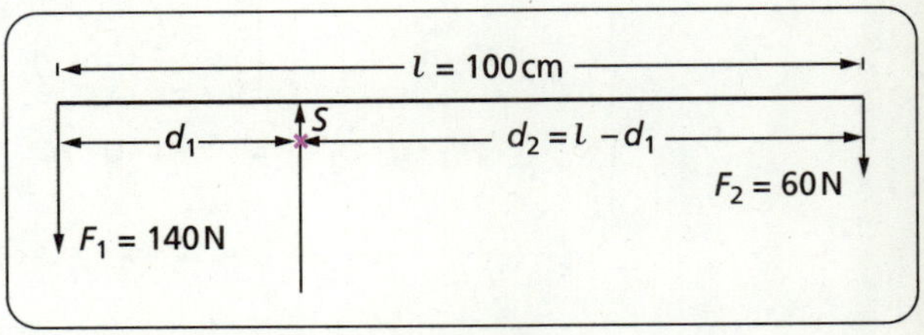

Der Abstand d_1 lässt sich aus der Gleichgewichtsbedingung des Hebels („rechtsdrehendes Drehmoment = linksdrehendes Drehmoment") berechnen.

▶ Seite 14

Lösung

$$F_1 \cdot d_1 = F_2 \cdot d_2 \xrightarrow{d_2 = l - d_1} F_1 \cdot d_1 = F_2 \cdot (l - d_1) \Rightarrow d_1 = \frac{F_2 \cdot l}{F_1 + F_2}$$

$$d_1 = \frac{60\,\text{N} \cdot 100\,\text{cm}}{140\,\text{N} + 60\,\text{N}} = \left(\frac{60 \cdot 100}{140 + 60}\right)\frac{\text{N} \cdot \text{cm}}{\text{N}} = 30\,\text{cm}$$

Ergebnis: Die Stange muss 30 cm vom Angriffspunkt des schwereren Massenstückes entfernt durch eine Schneide unterstützt werden.

7. Aufgabe

Gegeben: Gemessene Masse, wenn die Gewichte auf der linken Waagschale liegen: $m_l = 12{,}64\,\text{g}$
Gemessene Masse, wenn die Gewichte auf der rechten Waagschale liegen: $m_r = 13{,}85\,\text{g}$

Gesucht: Tatsächliche Masse der Nuggets: m

Lösungsplan: Offensichtlich hat die Balkenwaage unterschiedlich lange Hebelarme. Bezeichnet man die Länge des rechten Armes mit a_r und die des linken Armes mit a_l, dann lassen sich aus den zwei Wägungen mithilfe des Hebelgesetzes zwei Gleichungen aufstellen. Dividiert man die linken Seiten und die rechten Seiten dieser beiden Gleichungen durcheinander, dann erhält man eine Gleichung, aus der sich die beiden unbekannten Längen a_r und a_l beseitigen lassen.

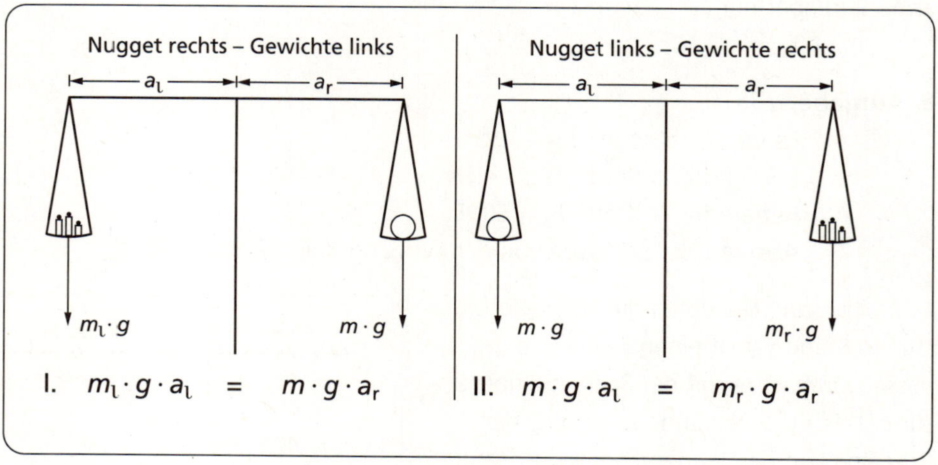

Lösung

▶ Seite 14

$$\left.\begin{array}{ll} \text{I.} & m_l \cdot g \cdot a_l = m \cdot g \cdot a_r \\ \text{II.} & m \cdot g \cdot a_l = m_r \cdot g \cdot a_r \end{array}\right\} \text{I:II}$$

$$\frac{m_l}{m} = \frac{m}{m_r}$$

$$m^2 = m_r \cdot m_l$$

$$m = \sqrt{m_r \cdot m_l}$$

$$m = \sqrt{12{,}64\,\text{g} \cdot 13{,}85\,\text{g}} = 13{,}23\,\text{g}$$

Ergebnis: Die tatsächliche Masse der Nuggets beträgt 13,23 g.

8. Aufgabe

▶ Seite 17

Gegeben: Wie Aufgabe 4 (Lösung Seite 76); zusätzlich noch
Gewichtskraft des Hebels: $F_h = 6\,\text{N}$
Abstand des Schwerpunktes von der Drehachse:
$a_S = 80\,\text{cm} - 60\,\text{cm} = 20\,\text{cm}$

Gesucht: Wie Aufgabe 4

Lösungsplan: Zu den drei Kräften der Aufgabe 4 kommt nun noch die im Schwerpunkt vereinigt zu denkende Gewichtskraft des Hebels hinzu.

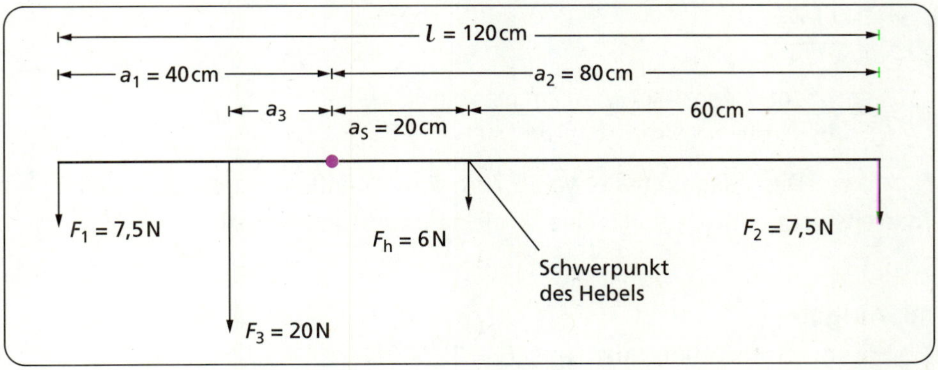

Lösung

$$F_1 \cdot a_1 + F_3 \cdot a_3 = F_h \cdot a_S + F_2 \cdot a_2$$

$$a_3 = \frac{F_h \cdot a_S + F_2 \cdot a_2 - F_1 \cdot a_1}{F_3}$$

$$a_3 = \frac{6\,\text{N} \cdot 20\,\text{cm} + 7{,}5\,\text{N} \cdot 80\,\text{cm} - 7{,}5\,\text{N} \cdot 40\,\text{cm}}{20\,\text{N}} = 21\,\text{cm}$$

Ergebnis: Das Massenstück von 20 N Gewichtskraft muss 21 cm links von der Drehachse befestigt werden.

▶ Seite 17

9. Aufgabe

Gegeben: Wie Aufgabe 6 (Lösung Seite 77); zusätzlich
Gewichtskraft der Stange: $F_{St} = 80\,N$

Gesucht: Wie Aufgabe 6

Lösungsplan: Die durch die Schneide unterstützte Stange stellt einen Hebel mit der Schneide als Drehachse dar. Außer den beiden Drehmomenten der Aufgabe 6 tritt

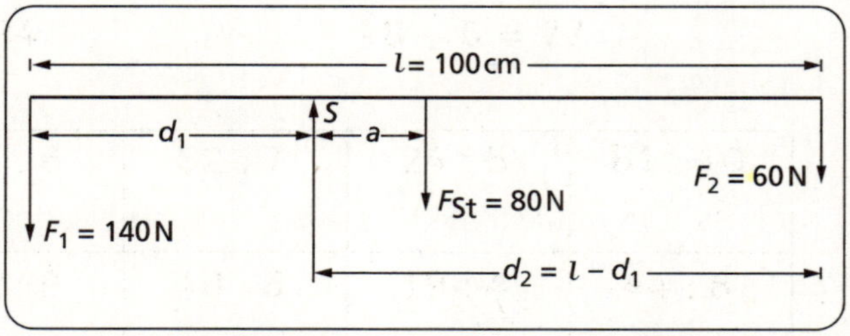

jetzt noch ein weiteres Drehmoment auf, das durch die im Schwerpunkt angreifende Gewichtskraft des Hebels bewirkt wird. Es wirkt in dieselbe Drehrichtung wie das durch die geringere der beiden Kräfte hervorgerufene Drehmoment.

Lösung

$$F_1 \cdot d_1 = F_2 \cdot d_2 + F_{St} \cdot a$$

$$a = \frac{l}{2} - d_1$$

$$d_2 = l - d_1$$

$$F_1 \cdot d_1 = F_2 \cdot (l - d_1) + F_{St} \cdot \left(\frac{l}{2} - d_1\right)$$

$$d_1 = \frac{F_2 \cdot l + F_{St} \cdot \frac{l}{2}}{F_1 + F_2 + F_{St}}$$

$$d_1 = \frac{60\,N \cdot 100\,cm + 80\,N \cdot 50\,cm}{140\,N + 60\,N + 80\,N} = \left(\frac{60 \cdot 100 + 80 \cdot 50}{140 + 60 + 80}\right)\frac{N \cdot cm}{N} = 35{,}7\,cm$$

Ergebnis: Die Stange muss etwa 35,7 cm vom Angriffspunkt des schwereren Massenstücks entfernt durch eine Schneide unterstützt werden.

10. Aufgabe

Gegeben: Gewichtskraft der Lore: $F_L = 12\,000\,N$
Abstand der Wirkungslinie der Gewichtskraft von der Drehachse:
$a_L = 2\,m$
Abstand der Wirkungslinie der zum Anheben erforderlichen Kraft von der Drehachse: $a_X = 5\,m$
Kraft, die jeder der Männer aufbringen kann: $F_M = 1200\,N$

Gesucht: Die zum Anheben erforderliche Kraft: F_X
Anzahl der einzusetzenden Männer: n

Lösungsplan: Die Lore kann als Hebel aufgefasst werden, dessen Drehachse durch die beiden Berührungspunkte der Hinterräder mit der Schiene verläuft. Die im Schwerpunkt vereinigt zu denkende, senkrecht nach unten wirkende Gewichtskraft F_L der Lore bewirkt ein nach unten drehendes Drehmoment, die von den Männern am vorderen Ende der Lore aufgebrachte, senkrecht nach oben wirkende Kraft F_X bewirkt ein nach oben drehendes Drehmoment. Die zum Heben erforderliche Mindestkraft liegt vor, wenn der Hebel im Gleichgewicht ist.

▶ Seite 17

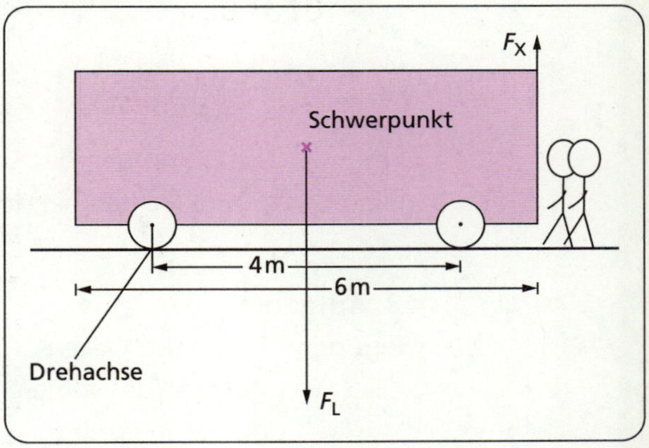

Lösung

$$F_L \cdot 2\,\text{m} = F_X \cdot 5\,\text{m} \Rightarrow F_X = \frac{F_L \cdot 2\,\text{m}}{5\,\text{m}}$$

$$F_X = \frac{12\,000\,\text{N} \cdot 2\,\text{m}}{5\,\text{m}} = 4800\,\text{N} \Rightarrow n = \frac{4800\,\text{N}}{1200\,\text{N}} = 4$$

Ergebnis: Um die Lore wieder aufs Gleis zu bringen, ist eine Kraft von 4800 N erforderlich. Es müssen also vier Männer eingesetzt werden.

11. Aufgabe

Gegeben: Auf die Vorderräder wirkende Gewichtskraft: $F_V = 18\,\text{kN}$
Auf die Hinterräder wirkende Gewichtskraft: $F_H = 12\,\text{kN}$
Achsabstand: $a = 8\,\text{m}$

Gesucht: Abstand des Schwerpunktes von der Senkrechten durch die hintere Achse: x

Lösungsplan: Die Gesamtgewichtskraft des Wagens ist gleich der Summe aus der auf die Vorderräder wirkenden und der auf die Hinterräder wirkenden Gewichtskräfte. Der Wagen kann als ein Hebel aufgefasst werden, dessen Drehachse durch die Berührungspunkte zwischen Waage und Hinterräder verläuft. Im Gleichgewichtsfall muss das nach unten drehende Drehmoment, das durch die im Schwerpunkt angreifende Gewichtskraft bewirkt wird, den gleichen Betrag haben, wie das nach oben drehende Drehmoment, das durch die Gegenkraft der Waage auf die Vorderräder hervorgerufen wird.

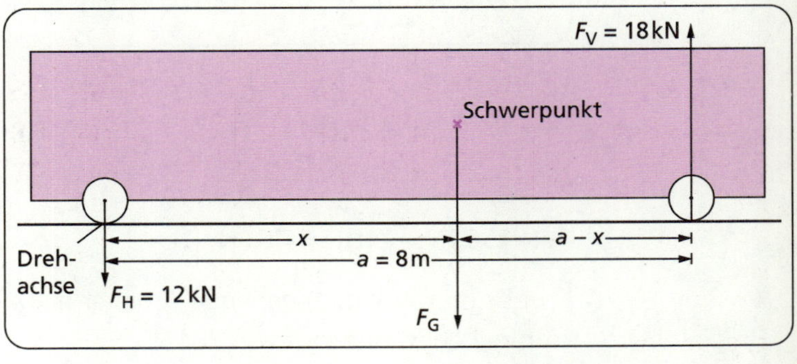

▶ Seite 17

Lösung

$$F_G \cdot x = F_V \cdot a \xrightarrow{F_G = F_V + F_H} (F_V + F_H) \cdot x = F_V \cdot a$$

$$x = \frac{F_V \cdot a}{F_H + F_V} = \frac{18\,\text{kN} \cdot 8\,\text{m}}{12\,\text{kN} + 18\,\text{kN}} = \left(\frac{18 \cdot 8}{12 + 18}\right) \frac{\text{kN} \cdot \text{m}}{\text{kN}} = 4{,}8\,\text{m}$$

Ergebnis: Die Entfernung des Schwerpunktes von der durch die Hinterachse verlaufenden Senkrechten beträgt 4,8 m.

12. Aufgabe

Gegeben: Länge des Balkens: $l = 8\,\text{m}$

Abstand des vorderen Trägers vom Schwerpunkt:

$d_V = 4\,\text{m} - 0{,}5\,\text{m} = 3{,}5\,\text{m}$

Abstand des hinteren Trägers vom Schwerpunkt:

$d_H = 4\,\text{m} - 0{,}2\,\text{m} = 3{,}8\,\text{m}$

Gewichtskraft des Balkens: $F_G = 1{,}5\,\text{kN} = 1500\,\text{N}$

Gesucht: Auflagekräfte auf den Schultern der beiden Träger: F_V und F_H

Lösungsplan: Der Balken kann als ein Hebel aufgefasst werden, dessen Drehachse durch die Schulter des vorn gehenden Arbeiters verläuft. Im Gleichgewichtsfall muss das nach unten drehende Drehmoment, das durch die im Schwerpunkt angreifende Gewichtskraft bewirkt wird, den gleichen Betrag haben wie das von dem hinten gehenden Arbeiter verursachte, nach oben drehende Drehmoment.

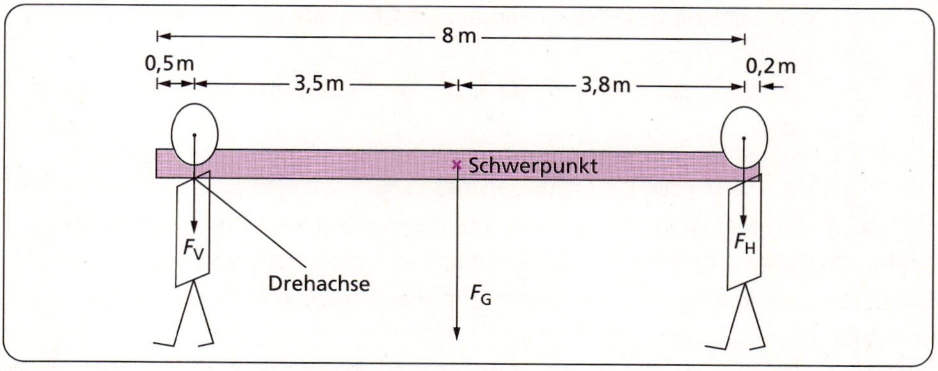

Lösung

$$F_H \cdot (3{,}8\,\text{m} + 3{,}5\,\text{m}) = F_G \cdot 3{,}5\,\text{m} \Rightarrow F_H = \frac{F_G \cdot 3{,}5}{3{,}8\,\text{m} + 3{,}5\,\text{m}}$$

$$F_H = \frac{1500\,\text{N} \cdot 3{,}5\,\text{m}}{3{,}8\,\text{m} + 3{,}5\,\text{m}} = \left(\frac{1500 \cdot 3{,}5}{3{,}8 + 3{,}5}\right) \frac{\text{N} \cdot \text{m}}{\text{m}} = 719\,\text{N}$$

$$F_V = 1500\,\text{N} - 719\,\text{N} = 781\,\text{N}$$

Ergebnis: Der hinten gehende Arbeiter hat eine Last von 719 N zu tragen, der vorn gehende eine Last von 781 N.

D Schiefe Ebene

1. Aufgabe

▶ Seite 20

Gegeben: Höhe der schiefen Ebene: $h = 1{,}2\,\text{m}$

Beziehung zwischen Hangabtriebskraft F_H und Gewichtskraft F_G:

$F_H = 15\,\%$ von $F_G = 0{,}15 \cdot F_G$

Gesucht: Länge der schiefen Ebene: l

Lösungsplan: Die gesuchte Länge der schiefen Ebene ergibt sich aus der Beziehung $\frac{h}{l} = \frac{F_H}{F_G}$.

Lösung

$$\frac{h}{l} = \frac{F_H}{F_G} \Rightarrow \frac{1{,}2\,\text{m}}{l} = \frac{0{,}15 \cdot F_G}{F_G} \Rightarrow l = \frac{1{,}2\,\text{m}}{0{,}15} = 8\,\text{m}$$

Ergebnis: Die Rampe muss mindestens 8 m lang sein.

2. Aufgabe

Gegeben: Länge der schiefen Ebene: $l = 10\,\text{m}$

Höhe der schiefen Ebene: $h = 2\,\text{m}$

Gewichtskraft des Wagens: $F_G = 1{,}2\,\text{kN}$

Gesucht: Betrag der zum Festhalten des Wagens auf der schiefen Ebene erforderlichen Kraft = Betrag der Hangabtriebskraft: F_H

Lösungsplan: Die gesuchte Hangabtriebskraft F_H ergibt sich aus der Beziehung $\frac{h}{l} = \frac{F_H}{F_G}$.

Lösung

$$\frac{h}{l} = \frac{F_H}{F_G} \Rightarrow F_H = \frac{h}{l} \cdot F_G \Rightarrow F_H = \frac{2\,\text{m}}{10\,\text{m}} \cdot 1200\,\text{N} = 240\,\text{N}$$

Ergebnis: Zum Halten des Wagens auf der schiefen Ebene ist eine Kraft von 240 N erforderlich.

▶ Seite 20

3. Aufgabe

Gegeben: Länge der schiefen Ebene: $l = 8\,\text{m}$
Gewichtskraft des Pkw: $F_G = 13\,\text{kN}$
Betrag der zum Hochziehen erforderlichen Kraft = Betrag der Hangabtriebskraft: $F_H = 3{,}9\,\text{kN}$

Gesucht: Höhe des oberen Decks = Höhe der schiefen Ebene: h

Lösungsplan: Die gesuchte Höhe lässt sich aus der Beziehung $\frac{h}{l} = \frac{F_H}{F_G}$ berechnen.

Lösung

$$\frac{F_H}{F_G} = \frac{h}{l} \Rightarrow h = \frac{F_H}{F_G} \cdot l \Rightarrow h = \frac{3{,}9\,\text{kN}}{13\,\text{kN}} \cdot 8\,\text{m} = 2{,}4\,\text{m}$$

Ergebnis: Das obere Deck befindet sich 2,4 m über der Straße.

4. Aufgabe

Gegeben: Gewichtskraft des leeren Autos: $F_{G(\text{leer})} = 12\,\text{kN}$
Gewichtskraft des beladenen Autos:
$F_{G(\text{besetzt})} = 12\,\text{kN} + 4 \cdot 0{,}75\,\text{kN} = 15\,\text{kN}$
Hangabtriebskraft des leeren Autos: $F_{H(\text{leer})} = 3{,}6\,\text{kN}$

Gesucht: Hangabtriebskraft des beladenen Autos: $F_{H(\text{besetzt})}$

Lösungsplan: Da der Quotient $\frac{h}{l}$ aus der Höhe h und der Länge l der schiefen Ebene beim leeren Auto denselben Wert hat wie beim besetzten Auto, ergibt sich für die Hangabtriebskraft $F_{H(\text{leer})}$ und die Gewichtskraft $F_{G(\text{leer})}$ des leeren Autos und die Hangabtriebskraft $F_{H(\text{besetzt})}$ und die Gewichtskraft $F_{G(\text{besetzt})}$ des mit vier Personen besetzten Autos die Beziehung $\frac{F_{H(\text{leer})}}{F_{G(\text{leer})}} = \frac{F_{H(\text{besetzt})}}{F_{G(\text{besetzt})}}$. Aus ihr lässt sich die gesuchte Hangabtriebskraft $F_{H(\text{besetzt})}$ berechnen.

Lösung

$$\frac{F_{H(\text{leer})}}{F_{G(\text{leer})}} = \frac{F_{H(\text{besetzt})}}{F_{G(\text{besetzt})}} \Rightarrow F_{H(\text{besetzt})} = \frac{F_{H(\text{leer})} \cdot F_{G(\text{besetzt})}}{F_{G(\text{leer})}}$$

$$F_{H(\text{besetzt})} = \frac{3{,}6\,\text{kN} \cdot 15\,\text{kN}}{12\,\text{kN}} = \left(\frac{3{,}6 \cdot 15}{12}\right) \frac{\text{kN} \cdot \text{kN}}{\text{kN}} = 4{,}5\,\text{kN}$$

Ergebnis: Die Hangabtriebskraft des beladenen Autos beträgt 4,5 kN.

5. Aufgabe ▶ Seite 20

Gegeben: Höhe der schiefen Ebene: $h = 4{,}2\,\text{m}$
Länge der schiefen Ebene: $l = 9{,}6\,\text{m}$

Gesucht: Verhältnis von Hangabtriebskraft zu Gewichtskraft: $\frac{F_H}{F_G}$

Lösungsplan: Der gesuchte Quotient ergibt sich aus der Beziehung $\frac{F_H}{F_G} = \frac{h}{l}$. Aus ihm lässt sich berechnen, wie viel Prozent der Gewichtskraft die Hangabtriebskraft ausmacht.

Lösung

$$\frac{F_H}{F_G} = \frac{h}{l} \Rightarrow \frac{F_H}{F_G} = \frac{4{,}2\,\text{m}}{9{,}6\,\text{m}} = 0{,}4375 \Rightarrow F_H = 0{,}4375 \cdot F_G = 43{,}75\,\%\text{ von } F_G$$

Ergebnis: Die Hangabtriebskraft beträgt 43,75 % der Gewichtskraft.

6. Aufgabe ▶ Seite 22

Gegeben: Länge der schiefen Ebene: $l = 5{,}2\,\text{m}$
Höhe der schiefen Ebene: $h = 2\,\text{m}$
Gewichtskraft: $F_G = 13\,\text{N}$
Haftreibungszahl: $\mu = 0{,}5$

Gesucht: Hangabtriebskraft: F_H
Reibungskraft: F_R

Lösungsplan: Auf den Holzklotz wirken zwei Kräfte: Einerseits die Hangabtriebskraft und andererseits die dieser Hangabtriebskraft entgegen gesetzt gerichtete Reibungskraft. Die Hangabtriebskraft F_H ergibt sich aus der Beziehung $\frac{h}{l} = \frac{F_H}{F_G}$, die Reibungskraft F_R aus der Gleichung $F_R = \mu \cdot F_N$ und die Normalkraft F_N aus der aus dem Satz des Pythagoras gewonnenen Beziehung $F_N^2 + F_H^2 = F_G^2$.

Lösung

1. Hangabtriebskraft:

$$F_H = \frac{h}{l} \cdot F_G = \frac{2\,\text{m}}{5{,}2\,\text{m}} \cdot 13\,\text{N} = 5\,\text{N}$$

2. Reibungskraft:

$$F_R = \mu \cdot F_N = \mu \cdot \sqrt{F_G^2 - F_H^2} = 0{,}5 \cdot \sqrt{(13\,\text{N})^2 - (5\,\text{N})^2} = 6\,\text{N}$$

3. Folgerung:

$F_R > F_H \Rightarrow$ Der Holzblock bleibt liegen.

Ergebnis: Die Reibungskraft ist mit 6 N größer als die Hangabtriebskraft, die nur 5 N beträgt. Der Holzklotz bleibt also auf der schiefen Ebene liegen.
Anmerkung: Ob ein Körper auf einer schiefen Ebene liegen bleibt oder auf ihr herunterrutscht hängt nicht, wie unser Lösungsweg vermuten lässt, von seiner Gewichtskraft ab sondern lediglich von der Länge und Höhe der schiefen Ebene und von der Haftreibungszahl.

▶ Seite 22

7. Aufgabe

Gegeben: Länge der schiefen Ebene: $l = 300\,\text{m}$
Höhe der schiefen Ebene: $h = 36\,\text{m}$
Gewichtskraft des Pkw: $F_G = 14\,\text{kN} = 14\,000\,\text{N}$
Reibungszahl: $\mu = 0{,}05$

Gesucht: Zugkraft bei Bergauffahrt: F_Z

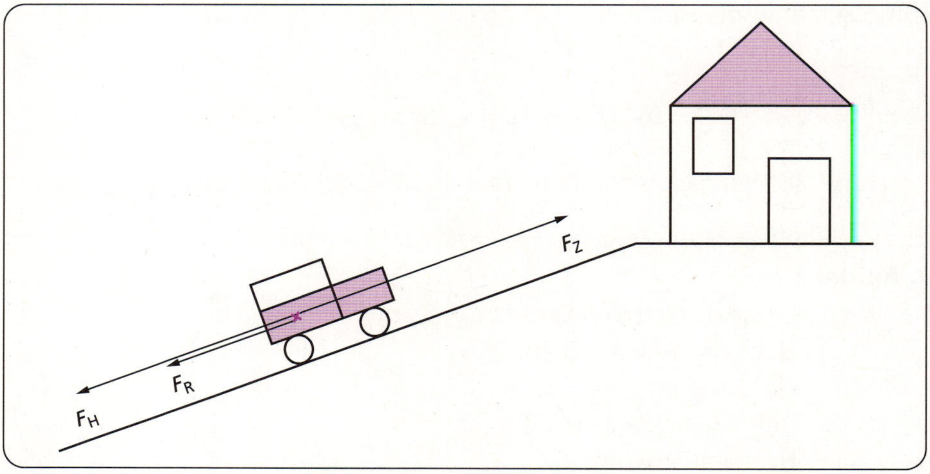

Lösungsplan: Die in Fahrtrichtung wirkende Zugkraft F_Z des Pkw muss sowohl die Hangabtriebskraft F_H, als auch die entgegen der Fahrtrichtung, also in Richtung der Hangabtriebskraft wirkende Reibungskraft F_R überwinden. Damit der Pkw mit gleich bleibender Geschwindigkeit bergauf fährt, muss also gelten $F_Z = F_H + F_R$. F_H lässt sich aus der Beziehung $\frac{F_H}{F_G} = \frac{h}{l}$ berechnen. Für die Reibungskraft gilt: $F_R = \mu \cdot F_N$, wobei sich die senkrecht zur schiefen Ebene wirkende Normalkraft F_N mithilfe des Satzes von Pythagoras aus der Hangabtriebskraft und der Gewichtskraft ermitteln lässt.

Lösung

1. Hangabtriebskraft:

$$F_H = \frac{h}{l} \cdot F_G = \frac{36\,\text{m}}{300\,\text{m}} \cdot 14\,000\,\text{N} = 1680\,\text{N}$$

2. Reibungskraft:

$$F_R = \mu \cdot \sqrt{(F_G)^2 - (F_H)^2} = 0{,}05 \cdot \sqrt{(14\,000\,\text{N})^2 - (1680\,\text{N})^2} = 695\,\text{N}$$

3. Zugkraft:

$$F_Z = F_H + F_R = 1680\,\text{N} + 695\,\text{N} = 2375\,\text{N}$$

Ergebnis: Um mit gleich bleibender Geschwindigkeit bergauf zu fahren, muss der Pkw eine Kraft von 2375 N auf die Antriebsräder bringen.

8. Aufgabe

► Seite 22

Gegeben und gesucht: wie in Aufgabe 7.

Lösungsplan: Der Pkw wird von zwei entgegen der Fahrtrichtung wirkenden Kräften abgebremst, der eigentlichen Bremskraft F_B und der Reibungskraft F_R. Damit der Pkw mit gleichbleibender Geschwindigkeit abwärts rollt, muss die Summe aus Bremskraft und Reibungskraft gleich der Hangabtriebskraft F_H sein. Es muss also gelten $F_B + F_R = F_H$. Hangabtriebskraft und Reibungskraft sind dieselben wie in der vorhergehenden Aufgabe 7.

Lösung

$F_B = F_H - F_R \Rightarrow F_B = 1680\,\text{N} - 695\,\text{N} = 985\,\text{N}$

Ergebnis: Damit der Pkw mit gleich bleibender Geschwindigkeit bergab rollt, muss auf ihn eine Bremskraft von 985 N ausgeübt werden.

9. Aufgabe

Gegeben: Gewichtskraft der Kiste: $F_G = 300\,\text{N}$
Länge der schiefen Ebene: $l = 4{,}7\,\text{m}$
Höhe der schiefen Ebene: $h = 2{,}0\,\text{m}$
Reibungszahl: $\mu = 0{,}5$

Gesucht: Die zum gleichförmigen Abwärtsgleiten erforderliche Kraft: F

Lösungsplan: Damit die Kiste mit gleich bleibender Geschwindigkeit abwärts gleitet, müssen die abwärts gerichteten Kräfte und die aufwärts gerichteten Kräfte den gleichen Betrag haben. Abwärts gerichtet ist die Hangabtriebskraft, aufwärts gerichtet ist die Reibungskraft. Ist die Hangabtriebskraft kleiner als die Reibungskraft, ist eine zusätzliche Kraft erforderlich, die abwärts gerichtet ist. Ist die Hangabtriebskraft größer als die Reibungskraft, ist eine zusätzliche Kraft erforderlich, die aufwärts gerichtet ist.

Lösung

1. Hangabtriebskraft:

$$F_H = \frac{h}{l} \cdot F_G = \frac{2{,}0\,\text{m}}{4{,}7\,\text{m}} \cdot 300\,\text{N} = 127{,}7\,\text{N}$$

2. Reibungskraft:

$$F_R = \mu \cdot \sqrt{F_G^2 - F_H^2} = 0{,}5 \cdot \sqrt{(300\,\text{N})^2 - (127{,}7\,\text{N})^2} = 135{,}7\,\text{N}$$

3. Bedingung für Herabgleiten mit gleich bleibender Geschwindigkeit:

$$F + F_H = F_R \Rightarrow F = F_R - F_H = 135{,}7\,\text{N} - 127{,}7\,\text{N} = 8{,}0\,\text{N}$$

Ergebnis: Es ist eine abwärts gerichtete Kraft von 8 N erforderlich, damit die Kiste mit gleich bleibender Geschwindigkeit abwärts gleitet.

▶ Seite 22

10. Aufgabe

Gegeben: Reibungszahl: $\mu = 0{,}4$
Alles andere wie in Aufgabe 9.

Lösungsplan: Wie in Aufgabe 9.

Lösung

1. Hangabtriebskraft wie in Aufgabe 9:
$F_H = 127{,}7\,\text{N}$

2. Reibungskraft:
$F_R = 0{,}4 \cdot \sqrt{(300\,\text{N})^2 - (127{,}7\,\text{N})^2} = 108{,}6\,\text{N}$

3. Gleichgewichtsbedingung:
$F_R + F = F_H \Rightarrow F = F_H - F_R = 127{,}7\,\text{N} - 108{,}6\,\text{N} = 19{,}1\,\text{N}$

Ergebnis: Es ist eine aufwärts gerichtete Kraft von 19,1 N erforderlich, damit die Kiste mit gleich bleibender Geschwindigkeit abwärts gleitet.

▶ Seite 24

11. Aufgabe

Gegeben: Gewichtskraft: $F_G = 1{,}6\,\text{kN} = 1600\,\text{N}$
Anstiegswinkel der Straße: $\alpha = 8°$
Gesucht: Betrag der zum Halten erforderlichen Kraft: F_X

Lösungsplan: Die zum Halten des Wagens auf der Straße erforderliche Kraft ist der Hangabtriebskraft entgegengesetzt und hat den gleichen Betrag wie diese.

Lösung

$F_X = F_H = F_G \cdot \sin\alpha \Rightarrow F_X = 1600\,\text{N} \cdot \sin 8° = 223\,\text{N}$

Ergebnis: Zum Halten des Wagens auf der ansteigenden Straße ist eine aufwärts gerichtete Kraft von 223 N erforderlich.

12. Aufgabe

▶ Seite 24

Gegeben: Haftreibungszahl: $\mu = 0{,}08$
sonst wie Aufgabe 11

Gesucht: wie in Aufgabe 11

Lösungsplan: Würde keine Reibungskraft auftreten, dann müsste die zum Halten des Wagens erforderliche Kraft betragsgleich mit der Hangabtriebskraft F_H sein. Da jedoch die auftretende Reibungskraft F_R der Hangabtriebskraft entgegenwirkt, ist der Betrag der gesuchten Kraft gleich der Differenz aus den Beträgen von Hangabtriebskraft und Reibungskraft.

Lösung

$F_X + F_R = F_H \Rightarrow F_X = F_H - F_R$

$F_H = F_G \cdot \sin\alpha$

$F_R = \mu \cdot F_N = \mu \cdot F_G \cdot \cos\alpha$

$F_X = F_G \cdot \sin\alpha - \mu \cdot F_G \cdot \cos\alpha$

$F_X = F_G \cdot (\sin\alpha - \mu \cdot \cos\alpha)$

$F_X = 1600\,\text{N} \cdot (\sin 8° - 0{,}08 \cdot \cos 8°) = 96\,\text{N}$

Ergebnis: Bei Berücksichtigung der Haftreibung ist zum Halten des Wagens auf der geneigten Ebene eine aufwärts gerichtete Kraft von 96 N erforderlich.

13. Aufgabe

Gegeben: Haftreibungszahl: $\mu = 0{,}6$

Gesucht: Grenzwinkel: α

Lösungsplan: Der Körper kommt ins Rutschen, wenn die Hangabtriebskraft größer als die Reibungskraft ist. Aus der mit dieser Überlegung gewonnenen Ungleichung hebt sich die unbekannte Gewichtskraft heraus. Setzt man schließlich $\frac{\sin\alpha}{\cos\alpha} = \tan\alpha$, lässt sich der gesuchte Winkel mit einem geeigneten Taschenrechner ermitteln.

Lösung

$F_H > F_R \Rightarrow F_G \cdot \sin\alpha > \mu \cdot F_G \cdot \cos\alpha \qquad |:(F_G \cdot \cos\alpha)$

$\frac{\sin\alpha}{\cos\alpha} > \mu \Rightarrow \tan\alpha > \mu$

$\tan\alpha > 0{,}6 \Rightarrow \alpha \geq 31°$

Ergebnis: Der Körper rutscht nur dann nicht abwärts, wenn der Steigungswinkel der schiefen Ebene kleiner als 31° ist. Die Größe dieses Winkels hängt nur von der Haftreibungszahl μ ab, nicht aber von der Gewichtskraft des betrachteten Körpers.

▶ Seite 24

14. Aufgabe

Gegeben: Gewichtskraft: $F_G = 120\,\text{kN}$
Anstiegswinkel: $\alpha = 7°$
Reibungszahl: $\mu = 0{,}05$

Gesucht: Die zur Aufwärtsfahrt erforderliche Kraft: F_X

Lösungsplan: Würde keine Reibung auftreten, dann wäre die zur Aufwärtsfahrt mit gleich bleibender Geschwindigkeit erforderliche Kraft betragsgleich mit der Hangabtriebskraft. Da jedoch im vorliegenden Falle eine der Hangabtriebskraft gleichgerichtete Reibungskraft auftritt, muss der Betrag der erforderlichen Kraft gleich der Summe aus den Beträgen von Hangabtriebskraft und Reibungskraft sein.

Lösung

$F_X = F_H + F_R \Rightarrow F_X = F_G \cdot \sin\alpha + \mu \cdot F_G \cdot \cos\alpha$

$F_X = F_G \cdot (\sin\alpha + \mu \cdot \cos\alpha)$

$F_X = 120\,\text{kN} \cdot (\sin 7° + 0{,}05 \cdot \cos 7°) = 20{,}580\,\text{kN}$

Ergebnis: Die erforderliche Kraft beträgt rund 20,6 kN.

15. Aufgabe

Gegeben: Gewichtskraft: $F_G = 120\,\text{kN}$
Reibungszahl: $\mu = 0{,}05$
Maximale Kraft: $F_{max} = 30\,\text{kN}$

Gesucht: Maximaler Anstiegswinkel: α

Lösungsplan: Die in der vorhergehenden Aufgabe 14 erhaltene Beziehung für die zum Aufwärtsfahren mit gleichbleibender Geschwindigkeit erforderliche Kraft wird nach dem gesuchten Steigungswinkel α aufgelöst. Dabei empfiehlt es sich die Beziehung $\cos\alpha = \sqrt{1 - \sin^2\alpha}$ anzuwenden und für die Auflösung der auftretenden quadratischen Gleichung die Substitution $\sin\alpha = x$ vorzunehmen.

Lösung

$F_{max} = F_H + F_R = F_G \cdot \sin\alpha + \mu \cdot F_G \cdot \cos\alpha = F_G \cdot (\sin\alpha + \mu \cdot \cos\alpha)$

$\Rightarrow \sin\alpha + \mu \cdot \cos\alpha = \frac{F_{max}}{F_G} \Rightarrow \sin\alpha + 0{,}05 \cdot \cos\alpha = \frac{30\,\text{kN}}{120\,\text{kN}}$

$\Rightarrow \sin\alpha + 0{,}05 \cdot \sqrt{1 - \sin^2\alpha} = \frac{1}{4}$; setze $\sin\alpha = x$: $x + 0{,}05 \cdot \sqrt{1 - x^2} = 0{,}25$

$\Rightarrow x = 0{,}2010$. Setze $x = \sin\alpha \Rightarrow \sin\alpha = 0{,}2010 \Rightarrow \alpha = 11{,}6°$

Ergebnis: Der Winkel, unter dem die Straße ansteigt, darf nicht größer als 11,6° sein.

E Mechanische Arbeit

▶ Seite 26

1. Aufgabe

Gegeben: Masse der Hanteln: $m = 2 \cdot 12\,\text{kg}$
Hubhöhe: $h = 125 \cdot 0{,}6\,\text{m}$

Gesucht: Arbeit: W

Lösungsplan: Die gesuchte Arbeit ergibt sich aus der Definition $W = m \cdot g \cdot h$ der Hubarbeit, wenn man für m die Summe der Massen der beiden Hanteln und für h die 125 Hebevorgänge zu je 60 cm setzt.

Lösung

$$W = m \cdot g \cdot h = (2 \cdot 12\,\text{kg}) \cdot 10\,\frac{\text{N}}{\text{kg}} \cdot (125 \cdot 0{,}60\,\text{m}) = (2 \cdot 12 \cdot 10 \cdot 125 \cdot 0{,}60)\,\frac{\text{kg} \cdot \text{N} \cdot \text{m}}{\text{kg}}$$

$$W = 18\,000\,\text{N} \cdot \text{m} = 18\,000\,\text{J} = 18\,\text{kJ}$$

Ergebnis: Er verrichtet eine Arbeit von 18 kJ.

2. Aufgabe

Gegeben: Masse: $m = 70\,\text{kg}$
Höhe: $h = 0{,}4\,\text{m}$
zu verrichtende Arbeit: $W = 2100\,\text{kJ} = 2\,100\,000\,\text{J}$

Gesucht: Anzahl der Klimmzüge: n

Lösungsplan: Die bei einem einzelnen Klimmzug verrichte Hubarbeit ergibt sich aus der Beziehung $W = m \cdot g \cdot h$, wenn man für m die Masse des Mannes und für h die Strecke einsetzt, um die sich der Körperschwerpunkt dabei hebt. Das Produkt aus dieser Arbeit und der Anzahl der Klimmzüge muss gleich dem Energieinhalt der Schokoladentafel sein.

Lösung

$$W = (m \cdot g \cdot h) \cdot n \;\Rightarrow\; n = \frac{W}{m \cdot g \cdot h}$$

$$n = \frac{2\,100\,000\,\text{J}}{70\,\text{kg} \cdot 10\,\frac{\text{N}}{\text{kg}} \cdot 0{,}4\,\text{m}} = \left(\frac{2\,100\,000}{70 \cdot 10 \cdot 0{,}4}\right) \frac{\text{J}}{\text{kg} \cdot \frac{\text{N}}{\text{kg}} \cdot \text{m}} = 7500\,\frac{\text{N} \cdot \text{m}}{\text{N} \cdot \text{m}} = 7500$$

Ergebnis: Er müsste 7500 Klimmzüge machen, um die Tafel Schokolade wieder abzuarbeiten.

▶ Seite 27

3. Aufgabe

Gegeben: Anzahl der Ziegelsteine: $n = 12$
Masse eines Ziegelsteines: $m = 3{,}5\,\text{kg}$
Höhe eines Ziegelsteines: $h = 7\,\text{cm} = 0{,}07\,\text{m}$

Gesucht: Arbeit: W

Lösungsplan: Der erste, also der zuunterst liegende Ziegelstein bleibt am Boden liegen, also wird an ihm auch keine Arbeit verrichtet. Jeder folgende Ziegelstein muss um 7 cm (= 0,07 m) höher gehoben werden als der vorhergehende. Die einzelnen (Hub-)Arbeiten ergeben sich aus der Beziehung $W = F_G \cdot h = m \cdot g \cdot h$. Die Gesamtarbeit ist dann gleich der Summe der 11 Einzelarbeiten.

Lösung

1. Stein: $W_1 = 0$
2. Stein: $W_2 = m \cdot g \cdot h$
3. Stein: $W_3 = m \cdot g \cdot 2h$
4. Stein: $W_4 = m \cdot g \cdot 3h$

⋮ ⋮

12. Stein: $W_{12} = m \cdot g \cdot 11h$

Gesamtarbeit: $W = W_1 + W_2 + W_3 + \ldots + W_{12}$

$$W = 0 + m \cdot g \cdot h + m \cdot g \cdot 2h + m \cdot g \cdot 3h + \ldots + m \cdot g \cdot 11h$$

$$W = m \cdot g \cdot h \cdot (1 + 2 + 3 + \ldots + 11) = m \cdot g \cdot h \cdot 66$$

$$W = 3{,}5\,\text{kg} \cdot 10\,\frac{\text{N}}{\text{kg}} \cdot 0{,}07\,\text{m} \cdot 66$$

$$W = (3{,}5 \cdot 10 \cdot 0{,}07 \cdot 66)\,\frac{\text{kg} \cdot \text{N} \cdot \text{m}}{\text{kg}} = 161{,}7\,\text{N} \cdot \text{m} = 161{,}7\,\text{J}$$

Ergebnis: Die zum Stapeln der Ziegelsteine erforderliche Arbeit beträgt 161,7 J.

4. Aufgabe

Gegeben: eingesparte Masse: $m = 5\,\text{kg}$
Eingesparte Arbeit: $W = 3\,600\,000\,\text{J}$
Anzahl der Hebevorgänge: $n = 10\,000$

Gesucht: Hubhöhe: h

Lösungsplan: Die eingesparte Arbeit ist gleich der Gewichtskraft der eingesparten Masse multipliziert mit dem n-fachen der gesuchten Hubhöhe.

Lösung

$$W = (m \cdot g \cdot h) \cdot n \Rightarrow h = \frac{W}{m \cdot g \cdot n}$$

$$h = \frac{3\,600\,000\,\text{J}}{5\,\text{kg} \cdot 10\,\frac{\text{N}}{\text{kg}} \cdot 10\,000} = \left(\frac{3\,600\,000}{5 \cdot 10 \cdot 10\,000}\right) \frac{\text{J}}{\text{kg} \cdot \frac{\text{N}}{\text{kg}}} = 7{,}2\,\frac{\text{J}}{\text{N}} = 7{,}2\,\frac{\text{N} \cdot \text{m}}{\text{N}} = 7{,}2\,\text{m}$$

Ergebnis: Die Hubhöhe des Aufzugs beträgt 7,2 m.

5. Aufgabe ▶ Seite 27

Bei Verwendung der Rolle verteilt sich die Gewichtskraft des Kletterers zu gleichen Teilen auf die beiden Seilenden. Er muss also nur mit seiner halben Gewichtskraft ziehen. Richtig ist Antwort c).
Der Kletterer braucht zwar nur seine halbe Gewichtskraft zu überwinden, muss aber gegen diese Kraft einen doppelt so großen Weg zurücklegen, denn um 8 m hoch zu kommen, muss er 16 m Seil einziehen. Richtig ist Antwort d).

6. Aufgabe

Da sich der Kerzenleuchter immer in derselben Höhe befindet, ist der gegen die Gewichtskraft zurückgelegte Weg gleich Null. Damit ist das Produkt aus Kraft und gegen die Kraft zurückgelegtem Weg gleich Null. Arbeit im physikalischen Sinne wird also bei diesem Vorgang nicht verrichtet.

7. Aufgabe ▶ Seite 29

Gegeben: Gewichtskraft der Kiste: $F_G = 360\,\text{N}$
Länge des Weges: $l = 25\,\text{m}$
Reibungszahl: $\mu = 0{,}6$

Gesucht: Arbeit: W

Lösungsplan: Beim Verschieben der Kiste auf einer waagerechten Unterlage ist lediglich die der Bewegung entgegen gerichtete Reibungskraft zu überwinden. Diese ist gleich dem Produkt aus Reibungszahl und Normalkraft. Auf ebener Strecke stimmt die Normalkraft mit der Gewichtskraft überein.

Lösung

$W = F_R \cdot s = \mu \cdot F_G \cdot s = 0{,}6 \cdot 360\,\text{N} \cdot 25\,\text{m} = (0{,}6 \cdot 360 \cdot 25)\,\text{N} \cdot \text{m} = 5400\,\text{J}$

Ergebnis: Die zum Verschieben der Kiste auf waagerechter Unterlage erforderliche Arbeit beträgt 5400 J.

▶ Seite 29

8. Aufgabe

Gegeben: Gewichtskraft der Kiste: $F_G = 360\,N$
Reibungszahl: $\mu = 0{,}6$
Lange der Rampe: $l = 25\,m$
Höhe der Rampe: $h = 7\,m$

Gesucht: Arbeit: W

Lösungsplan: Der Betrag der in die Definitionsgleichung der Arbeit $W = F \cdot s$ eingehenden, der Bewegung entgegen gerichteten Kraft F ist gleich der Summe aus den Beträgen der Hangabtriebskraft F_H und der ebenfalls den Hang abwärts gerichteten Reibungskraft F_R, die gleich dem Produkt aus Reibungszahl μ und Normalkraft F_N ist. Hangabtriebskraft und Normalkraft, die in diesem Falle nicht gleich der Gewichtskraft ist, lassen sich aus den Gesetzmäßigkeiten der schiefen Ebene berechnen. (Siehe auch Abschnitte D2 und D3.)

Lösung

1. Berechnung der Hangabtriebskraft:

$$F_H = \frac{h}{l} \cdot F_G = \frac{7\,m}{25\,m} \cdot 360\,N = 100{,}8\,N$$

2. Berechnung der Reibungskraft:

$$F_R = \mu \cdot F_N = \mu \cdot \sqrt{F_G^2 - F_H^2} = 0{,}6 \cdot \sqrt{(360\,N)^2 - (100{,}8\,N)^2} = 207{,}4\,N$$

3. Berechnung der Arbeit:

$$W = (F_H + F_R) \cdot l = (100{,}8\,N + 207{,}4\,N) \cdot 25\,m = 7705\,N \cdot m = 7705\,J$$

Ergebnis: Es ist eine Arbeit von 7705 J erforderlich.

9. Aufgabe

Lösungsplan: Im Gegensatz zur vorhergehenden Aufgabe sind jetzt Hangabtriebskraft und Reibungskraft entgegengerichtet. Der Betrag der beim Abwärtsziehen in Wegrichtung zu überwindenden Kraft ist gleich der Differenz aus den Beträgen von Reibungskraft und Hangabtriebskraft.

Lösung

$$W = (F_R - F_H) \cdot l = (207{,}4\,N - 100{,}8\,N) \cdot 25\,m = 2665\,J$$

Ergebnis: Um die Kiste über die Rampe abwärts zu ziehen ist eine Arbeit von 2665 J erforderlich.

10. Aufgabe ▶ Seite 29

Gegeben: Gewichtskraft: $F_G = 88\,N$
Länge des Weges: $s = 1{,}2\,km = 1200\,m$
Reibungszahl: $\mu = 0{,}15$
Anstiegswinkel: $\alpha = 12°$

Gesucht: Arbeit: W

Lösungsplan: Der Betrag der in die Definitionsgleichung der Arbeit $W = F \cdot s$ eingehenden der Bewegung entgegen gerichteten Kraft F ist gleich der Summe aus den Beträgen von Hangabtriebskraft F_H und der ebenfalls abwärts gerichteten Reibungskraft F_R. Diese ist gleich dem Produkt aus Reibungszahl und Normalkraft. Die Beträge von Hangabtriebskraft und Normalkraft lassen sich mithilfe der Winkelfunktionen berechnen. (Siehe Abschnitt D3)

Lösung

$$W = (F_H + F_R) \cdot s$$

$$F_H = F_G \cdot \sin\alpha$$

$$F_R = \mu \cdot F_N = \mu \cdot F_G \cdot \cos\alpha$$

$$W = (F_G \cdot \sin\alpha + \mu \cdot F_G \cdot \cos\alpha) \cdot s = F_G \cdot s \cdot (\sin\alpha + \mu \cdot \cos\alpha)$$

$$W = 88\,N \cdot 1200\,m \cdot (\sin 12° + 0{,}15 \cdot \cos 12°) = 37\,449\,N \cdot m$$

Ergebnis: Die erforderliche Arbeit beträgt rund 37,5 kJ.

11. Aufgabe ▶ Seite 31

Gegeben: Arbeit: $W = 80\,J$
Gegen die Federkraft zurückgelegter Weg: $s = 0{,}8\,m$

Gesucht: Federkonstante: D

Lösungsplan: Die gesuchte Federkonstante ergibt sich aus der Beziehung $W_{Spann} = \frac{1}{2} \cdot D \cdot s^2$ für die Spannarbeit. Beim Zusammenfassen der Einheiten schreibt man zweckmäßigerweise $N \cdot m$ an die Stelle von J.

Lösung

$$W = \frac{1}{2} \cdot D \cdot s^2 \Rightarrow D = \frac{2 \cdot W}{s^2} = \frac{2 \cdot 80\,N \cdot m}{(0{,}8\,m)^2} = \left(\frac{2 \cdot 80}{0{,}8^2}\right) \frac{N \cdot m}{m^2} = 250\,\frac{N}{m}$$

Ergebnis: Die Federkonstante beträgt $250\,\frac{N}{m}$.

▶ Seite 31

12. Aufgabe

Gegeben: Anzahl der Dehnungsvorgänge: $n = 50$
Federkonstante: $D = 5\,\frac{\mathrm{N}}{\mathrm{cm}} = 500\,\frac{\mathrm{N}}{\mathrm{m}}$
Gegen die Federkraft zurückgelegter Weg: $s = 120\,\mathrm{cm} = 1{,}2\,\mathrm{m}$

Gesucht: Arbeit: W

Lösungsplan: Die gesuchte Arbeit ergibt sich aus der Formel $W_{\mathrm{Spann}} = \frac{1}{2} \cdot D \cdot s^2$. Dabei empfiehlt es sich, die Federkonstante in der Einheit $\frac{\mathrm{N}}{\mathrm{m}}$ und die Dehnungsstrecke in der Einheit m einzusetzen.

Lösung

$$W = n \cdot \frac{1}{2} \cdot D \cdot s^2 = 50 \cdot \frac{1}{2} \cdot 500\,\frac{\mathrm{N}}{\mathrm{m}} \cdot (1{,}2\,\mathrm{m})^2 = \left(\frac{50 \cdot 500 \cdot 1{,}2^2}{2}\right) \frac{\mathrm{N} \cdot \mathrm{m}^2}{\mathrm{m}} = 18\,000\,\mathrm{N} \cdot \mathrm{m}$$

Ergebnis: Der Sportler verrichtet eine Arbeit von 18 kJ.

13. Aufgabe

Gegeben: Dehnende Kraft: $F = 420\,\mathrm{N}$
Dehnungsstrecke: $s = 80\,\mathrm{cm} = 0{,}8\,\mathrm{m}$

Gesucht: Arbeit: W

Lösungsplan: Die gesuchte Arbeit lässt sich aus der Beziehung $W_{\mathrm{Spann}} = \frac{1}{2} \cdot D \cdot s^2$ berechnen. Die darin auftretende Federkonstante D ergibt sich aus dem Hooke'schen Gesetz $F = D \cdot s$.

Lösung

$$W = \frac{1}{2} \cdot D \cdot s^2 \xrightarrow{D = \frac{F}{s}} W = \frac{1}{2} \cdot \frac{F}{s} \cdot s^2 = \frac{1}{2} \cdot F \cdot s$$

$$W = \frac{1}{2} \cdot 420\,\mathrm{N} \cdot 0{,}8\,\mathrm{m} = 168\,\mathrm{N} \cdot \mathrm{m} = 168\,\mathrm{J}$$

Ergebnis: Der Sportler hat eine Arbeit von 168 J verrichtet.

14. Aufgabe

▶ Seite 31

Gegeben: Kraft: 360 N

Federkonstante: $D = 450\,\frac{\text{N}}{\text{m}}$

Gesucht: Arbeit: W

Lösungsplan: Die Verlängerung des Expanders ergibt sich aus dem Hooke'schen Gesetz $F = D \cdot s$. Damit lässt sich dann die gesuchte Arbeit mithilfe der Beziehung $W_{\text{Spann}} = \frac{1}{2} \cdot D \cdot s^2$ berechnen.

Lösung

$$W = \frac{1}{2} \cdot D \cdot s^2 \xRightarrow{s = \frac{F}{D}} W = \frac{1}{2} \cdot D \cdot \left(\frac{F}{D}\right)^2 = \frac{1}{2} \cdot \frac{F^2}{D}$$

$$W = \frac{1}{2} \cdot \frac{(360\,\text{N})^2}{450\,\frac{\text{N}}{\text{m}}} = \left(\frac{360^2}{2 \cdot 450}\right) \frac{\text{N}^2 \cdot \text{m}}{\text{N}} = 144\,\text{N} \cdot \text{m} = 144\,\text{J}$$

Ergebnis: Der Sportler hat eine Arbeit von 114 J verrichtet.

144

15. Aufgabe

Gegeben: Dehnungsstrecke 1: $s_1 = 40\,\text{cm} = 0{,}4\,\text{m}$

Kraft für die Dehnungsstrecke 1: $F_1 = 250\,\text{N}$

Dehnungsstrecke 2: $s_2 = 1{,}2\,\text{m}$

Gesucht: Arbeit bei der Dehnungsstrecke 2: W

Lösungsplan: Die Federkonstante ergibt sich aus dem Hooke'schen Gesetz $F = D \cdot s$. Damit lässt sich dann die gesuchte Arbeit mithilfe der Beziehung $W_{\text{Spann}} = \frac{1}{2} \cdot D \cdot s^2$ berechnen.

Lösung

$$W = \frac{1}{2} \cdot D \cdot s_2^2 \xRightarrow{D = \frac{F_1}{s_1}} W = \frac{1}{2} \cdot \frac{F_1}{s_1} \cdot s_2^2$$

$$W = \frac{1}{2} \cdot \frac{250\,\text{N}}{0{,}4\,\text{m}} \cdot (1{,}2\,\text{m})^2 = \left(\frac{250 \cdot 1{,}2^2}{2 \cdot 0{,}4}\right) \frac{\text{N} \cdot \text{m}^2}{\text{m}} = 450\,\text{N} \cdot \text{m} = 450\,\text{J}$$

Ergebnis: Es ist eine Arbeit von 450 J erforderlich.

▶ Seite 31

16. Aufgabe

Gegeben: Vorspannende Kraft: $F_V = 50\,N$
Zusätzliche Kraft: $F_Z = 80\,N$
Verlängerung durch die zusätzliche Kraft: $s_Z = 20\,cm = 0{,}2\,m$

Gesucht: Arbeit mit der zusätzlichen Kraft: W

Lösungsplan: Die Federkonstante D ergibt sich aus dem Hooke'schen Gesetz $F = D \cdot s$, wenn man für F die zusätzliche Kraft und für s die durch sie bewirkte Verlängerung einsetzt. Damit lässt sich die nicht gegebene Verlängerung der Feder unter dem Einfluss der Vorspannkraft von 50 N berechnen. Die gesuchte Arbeit ergibt sich dann als Differenz aus der gesamten zum Verlängern erforderlichen Arbeit und der von der Vorspannkraft verrichteten Arbeit.

Lösung

1. Berechnung der Federkonstanten:

$$D = \frac{F_Z}{s_Z} = \frac{80\,N}{0{,}2\,m} = 400\,\frac{N}{m}$$

2. Berechnung der Verlängerung unter der Kraft F_V:

$$s_V = \frac{F_V}{D} = \frac{50\,N}{400\,\frac{N}{m}} = 0{,}125\,m$$

3. Berechnung der gesuchten Arbeit:

$$W = \frac{1}{2} \cdot D \cdot (s_V + s_Z)^2 - \frac{1}{2} \cdot D \cdot s_V^2 = \frac{1}{2} \cdot D \cdot [(s_V + s_Z)^2 - s_V^2]$$

$$W = \frac{1}{2} \cdot 400\,\frac{N}{m} \cdot [(0{,}125\,m + 0{,}2\,m)^2 - (0{,}125\,m)^2] = 18\,\frac{N \cdot m^2}{m} = 18\,J$$

Ergebnis: Die für die zusätzliche Verlängerung erforderliche Arbeit beträgt 18 J.

▶ Seite 33

17. Aufgabe

Gegeben: Masse des Balls: $m = 58\,g = 0{,}058\,kg$
Geschwindigkeit: $v = 90\,\frac{km}{h} = \frac{90}{3{,}6}\,\frac{m}{s}$

Gesucht: Beschleunigungsarbeit: W

Lösungsplan: Die erforderliche Arbeit ergibt sich aus der Beziehung $W = \frac{1}{2} \cdot m \cdot v^2$. Man erhält sie in der Einheit Joule, wenn man die Masse in der Einheit kg und die Geschwindigkeit in der Einheit $\frac{m}{s}$ einsetzt.

Lösung

$$W = \frac{m}{2} \cdot v^2 = \frac{0{,}058\,kg}{2} \cdot \left(\frac{90}{3{,}6}\,\frac{m}{s}\right)^2 = \left(\frac{0{,}058 \cdot 90^2}{2 \cdot 3{,}6^2}\right) \frac{kg \cdot m^2}{s^2} = 18{,}125\,J$$

Ergebnis: Es ist eine Beschleunigungsarbeit von 18,125 J erforderlich.

18. Aufgabe

▶ Seite 33

Gegeben: Beschleunigungsarbeit: $W = 125\,\text{kJ} = 125\,000\,\text{J}$

Endgeschwindigkeit: $v = 50\,\frac{\text{km}}{\text{h}} = \frac{50}{3{,}6}\,\frac{\text{m}}{\text{s}}$

Gesucht: Masse: m

Lösungsplan: Man erhält die gesuchte Masse in der Einheit kg, wenn man die Beziehung $W = \frac{1}{2} \cdot m \cdot v^2$ nach m auflöst und die Arbeit W in der Einheit $\text{J} = \frac{\text{kg} \cdot \text{m}^2}{\text{s}^2}$ und die Geschwindigkeit v in der Einheit $\frac{\text{m}}{\text{s}}$ einsetzt.

Lösung

$$W = \frac{m}{2} \cdot v^2 \Rightarrow m = \frac{2 \cdot W}{v^2} = \frac{2 \cdot 125\,000\,\text{J}}{\left(\frac{50}{3{,}6}\,\frac{\text{m}}{\text{s}}\right)^2} = \left(\frac{2 \cdot 125\,000 \cdot 3{,}6^2}{50^2}\right) \frac{\frac{\text{kg} \cdot \text{m}^2}{\text{s}^2}}{\frac{\text{m}^2}{\text{s}^2}}$$

$$m = 1296\,\text{kg}$$

Ergebnis: Die Masse des Autos beträgt 1296 kg.

19. Aufgabe

Gegeben: Masse: $m = 1296\,\text{kg}$

Anfangsgeschwindigkeit: $v_\text{A} = 100\,\frac{\text{km}}{\text{h}} = \frac{100}{3{,}6}\,\frac{\text{m}}{\text{s}}$

Endgeschwindigkeit: $v_\text{E} = 150\,\frac{\text{km}}{\text{h}} = \frac{150}{3{,}6}\,\frac{\text{m}}{\text{s}}$

Gesucht: Beschleunigungsarbeit: W

Lösungsplan: Die gesuchte Arbeit ist gleich der Differenz aus der Arbeit, die zum Beschleunigen von 0 auf $150\,\frac{\text{km}}{\text{h}}$ erforderlich ist und der Arbeit, die zum Beschleunigen von 0 auf $100\,\frac{\text{km}}{\text{h}}$ erforderlich ist. Beide Arbeiten ergeben sich aus der Beziehung $W = \frac{1}{2} \cdot m \cdot v^2$. Man erhält sie in der Einheit Joule, wenn man die Masse in der Einheit kg und die Geschwindigkeit in der Einheit $\frac{\text{m}}{\text{s}}$ einsetzt.

Lösung

$$W = \frac{m}{2} \cdot v_\text{E}^2 - \frac{m}{2} \cdot v_\text{A}^2 = \frac{m}{2} \cdot \left(v_\text{E}^2 - v_\text{A}^2\right)$$

$$W = \frac{1296\,\text{kg}}{2} \cdot \left[\left(\frac{150}{3{,}6}\,\frac{\text{m}}{\text{s}}\right)^2 - \left(\frac{100}{3{,}6}\,\frac{\text{m}}{\text{s}}\right)^2\right]$$

$$W = \frac{1296}{2 \cdot 3{,}6^2} \cdot (150^2 - 100^2) \frac{\text{kg} \cdot \text{m}^2}{\text{s}^2} = 625\,000\,\text{J}$$

Ergebnis: Es ist eine Beschleunigungsarbeit von 625 kJ erforderlich.

▶ Seite 33

20. Aufgabe

Gegeben: Masse: $m = 1375\,\text{kg}$
Endgeschwindigkeit: $v = 130\,\frac{\text{km}}{\text{h}} = \frac{130}{3{,}6}\,\frac{\text{m}}{\text{s}}$
Beschleunigungsstrecke: $s = 256\,\text{m}$

Gesucht: Motorkraft: F

Lösungsplan: Die Beschleunigungsarbeit ergibt sich einerseits aus der Masse m und der Endgeschwindigkeit v mithilfe der Beziehung $W = \frac{1}{2} \cdot m \cdot v^2$ und andererseits aus der gesuchten Motorkraft F und der Beschleunigungsstrecke s mithilfe der Beziehung $W = F \cdot s$. Auf beiden Wegen erhält man den gleichen Wert. Die rechten Seiten der beiden Gleichungen können also gleichgesetzt werden. Die so erhaltene Beziehung wird nach der gesuchten Kraft F aufgelöst. Beim Einsetzen ist zu beachten: Masse in kg, Geschwindigkeit in $\frac{\text{m}}{\text{s}}$ und Beschleunigungsstrecke in m. Bei der Zusammenfassung der Einheiten ist zu beachten: $1\,\frac{\text{kg} \cdot \text{m}^2}{\text{s}^2} = 1\,\text{J} = 1\,\text{N} \cdot \text{m}$.

Lösung

$$\frac{1}{2} \cdot m \cdot v^2 = F \cdot s \Rightarrow F = \frac{m \cdot v^2}{2 \cdot s} = \frac{1375\,\text{kg}}{2 \cdot 256\,\text{m}} \cdot \left(\frac{130}{3{,}6}\,\frac{\text{m}}{\text{s}}\right)^2$$

$$F = \left(\frac{1375 \cdot 130^2}{2 \cdot 256 \cdot 3{,}6^2}\right) \frac{\text{kg} \cdot \text{m}^2}{\text{m} \cdot \text{s}^2} = 3502\,\frac{\frac{\text{kg} \cdot \text{m}}{\text{s}^2}}{\text{m}} = 3502\,\frac{\text{N} \cdot \text{m}}{\text{m}} = 3502\,\text{N}$$

Ergebnis: Die Kraft, die auf die Antriebsräder gebracht werden muss, beträgt rund 3,5 kN.

21. Aufgabe

Gegeben: Kraft: $F = 3{,}6\,\text{kN} = 3600\,\text{N}$
Masse: $m = 960\,\text{kg}$
Beschleunigungsstrecke: $s = 120\,\text{m}$

Gesucht: Endgeschwindigkeit: v

Lösungsplan: Wie in Aufgabe 20 werden die rechten Seiten der beiden Beziehungen $W = \frac{1}{2} \cdot m \cdot v^2$ und $W = F \cdot s$ gleichgesetzt. Die so erhaltene Gleichung wird nach der gesuchten Geschwindigkeit v aufgelöst. Setze bei der Zusammenfassung der Einheiten $1\,\text{N} \cdot \text{m} = 1\,\text{J} = 1\,\frac{\text{kg} \cdot \text{m}^2}{\text{s}^2}$.

Lösung

$$\frac{1}{2} m \cdot v^2 = F \cdot s \Rightarrow v^2 = \frac{2 \cdot F \cdot s}{m}$$

$$v^2 = \frac{2 \cdot 3600\,\text{N} \cdot 120\,\text{m}}{960\,\text{kg}} = \left(\frac{2 \cdot 3600 \cdot 120}{960}\right) \frac{\text{N} \cdot \text{m}}{\text{kg}} = 900\,\frac{\frac{\text{kg} \cdot \text{m}^2}{\text{s}^2}}{\text{kg}} = 900\,\frac{\text{m}^2}{\text{s}^2}$$

$$\Rightarrow v = 30\,\frac{\text{m}}{\text{s}}$$

Ergebnis: Die erreichte Geschwindigkeit beträgt $30\,\frac{\text{m}}{\text{s}} = 108\,\frac{\text{km}}{\text{h}}$.

22. Aufgabe

▶ Seite 33

Gegeben: Masse: $m = 48\,\text{g} = 0{,}048\,\text{kg}$

Arbeit: $W = 9{,}6\,\text{J}$

Gesucht: Geschwindigkeit: v

Lösungsplan: Die gesuchte Geschwindigkeit ergibt sich aus der nach v aufgelösten Beziehung $W = \frac{1}{2} \cdot m \cdot v^2$. Beachte: $1\,\frac{\text{J}}{\text{kg}} = 1\,\frac{\text{kg} \cdot \text{m}^2}{\text{kg} \cdot \text{s}^2} = 1\,\frac{\text{m}^2}{\text{s}^2} = 1\left(\frac{\text{m}}{\text{s}}\right)^2$.

Lösung

$$W = \frac{m}{2} \cdot v^2 \Rightarrow v^2 = \frac{2 \cdot W}{m} = \frac{2 \cdot 9{,}6\,\text{J}}{0{,}048\,\text{kg}} = \left(\frac{2 \cdot 9{,}6}{0{,}048}\right)\frac{\text{J}}{\text{kg}} = 400\,\frac{\frac{\text{kg} \cdot \text{m}^2}{\text{s}^2}}{\text{kg}}$$

$$v^2 = 400\,\frac{\text{m}^2}{\text{s}^2} \Rightarrow v = 20\,\frac{\text{m}}{\text{s}}$$

Ergebnis: Der Ball erreicht eine Geschwindigkeit von $20\,\frac{\text{m}}{\text{s}} = 72\,\frac{\text{km}}{\text{h}}$.

F Leistung

▶ Seite 36

1. Aufgabe

Gegeben: Volumen des geförderten Wassers: $V = 120\,m^3 = 120\,000\,dm^3$
Zu überwindender Höhenunterschied: $h = 14\,m$
Zeitdauer: $t = 3{,}5\,min = 210\,s$

Gesucht: Leistung: P

Lösungsplan: Die gesuchte Leistung ergibt sich aus der Definitionsgleichung der Leistung $P = \frac{W}{t}$, wenn man als Arbeit die Hubarbeit $W_{Hub} = m \cdot g \cdot h$ einsetzt. Für die Masse des Wassers gilt: Ein Liter (dm^3) Wasser hat eine Masse von 1 kg.

Lösung

$$P = \frac{m \cdot g \cdot h}{t} = \frac{120\,000\,kg \cdot 10\frac{N}{kg} \cdot 14\,m}{210\,s} = \left(\frac{120\,000 \cdot 10 \cdot 14}{210}\right)\frac{kg \cdot N \cdot m}{kg \cdot s}$$

$$P = 80\,000\,\frac{N \cdot m}{s} = 80\,000\,W$$

Ergebnis: Die Pumpe hat eine Leistung von 80 kW.

2. Aufgabe

Gegeben: Gewichtskraft des Feuerwehrmanns: $F_M = 820\,N$
Gewichtskraft des Feuerlöschers: $F_L = 120\,N$
Zu überwindender Höhenunterschied: $h = 24\,m$
Zeitdauer: $t = 80\,s$

Gesucht: Leistung: P

Lösungsplan: Bei seiner (Hub-)Arbeit muss der Feuerwehrmann sowohl seine eigene Gewichtskraft, als auch die des Feuerlöschers überwinden. Die Arbeit, die er beim Steigen über die Treppe verrichtet ist genau so groß, wie die, die er verrichten würde, wenn er sich senkrecht in dieselbe Höhe bewegte.

Lösung

$$P = \frac{W}{t} = \frac{(F_M + F_L) \cdot h}{t} = \frac{(820\,N + 120\,N) \cdot 24\,m}{80\,s} = \left(\frac{(820 + 120) \cdot 24}{80}\right)\frac{N \cdot m}{s}$$

$$P = 282\,W$$

Ergebnis: Der Feuerwehrmann erbringt eine Leistung von 282 W.

3. Aufgabe

▶ Seite 36

Gegeben: Gewichtskraft des Springers: $F_G = 750\,N$
Strecke, um die der Schwerpunkt gehoben wird: $h = 60\,cm = 0{,}6\,m$
Zeitdauer der Muskelarbeit: $t = 0{,}2\,s$

Gesucht: Leistung: P

Lösungsplan: Da man sich die gesamte Gewichtskraft eines Körpers in seinem Schwerpunkt vereinigt denken kann, braucht man bei der Berechnung der Hubarbeit, die der Hochspringer verrichtet, nur die Bewegung seines Schwerpunktes zu betrachten.

Lösung

$$P = \frac{W}{t} = \frac{F_G \cdot h}{t} = \frac{750\,N \cdot 0{,}6\,m}{0{,}2\,s} = \left(\frac{750 \cdot 0{,}6}{0{,}2}\right)\frac{N \cdot m}{s} = 2250\,W$$

Ergebnis: Der Hochspringer erbringt beim Sprung eine Leistung von 2,25 kW. Eine so große Leistung vermag ein Mensch allerdings nur sehr kurzzeitig aufzubringen, in der Regel nur für Bruchteile von Sekunden. Die Dauerleistung des Menschen liegt bei etwa 0,07 kW.

4. Aufgabe

Gegeben: Leistung der Pumpe: $P = 250\,kW = 250\,000\,W$
Förderhöhe: $h = 12\,m$
Ortsfaktor in Mitteleuropa: $g_E = 9{,}81\,\frac{N}{kg}$
Ortsfaktor am Äquator: $g_Ä = 9{,}78\,\frac{N}{kg}$
Zeitdauer: $t = 1$ Stunde $= 3600\,s$

Gesucht: Masse des geförderten Wassers:
in Europa: m_E
und am Äquator: $m_Ä$

Lösungsplan: Die gesuchten Massen ergeben sich, wenn man in die Definitionsgleichung der Leistung $P = \frac{W}{t}$ die Hubarbeit $W_{Hub} = m \cdot g \cdot h$ einsetzt und die so erhaltene Gleichung nach der Masse auflöst. Die Zeit muss dabei in der Einheit „Sekunde" eingesetzt werden. Um die Einheiten durch Kürzen zusammenfassen zu können, muss man die Beziehungen $1\,W = 1\,\frac{J}{s}$ und $1\,N \cdot m = 1\,J$ verwenden.

▶ Seite 36

Lösung

$$P = \frac{m \cdot g \cdot h}{t} \Rightarrow m = \frac{P \cdot t}{g \cdot h}$$

$$m_E = \frac{250\,000\,\text{W} \cdot 3600\,\text{s}}{9{,}81\,\frac{\text{N}}{\text{kg}} \cdot 12\,\text{m}}$$

$$m_E = \left(\frac{250\,000 \cdot 3600}{9{,}81 \cdot 12}\right) \frac{\text{W} \cdot \text{s}}{\frac{\text{N}}{\text{kg}} \cdot \text{m}}$$

$$m_E = 7\,645\,260 \frac{\frac{\text{J}}{\text{s}} \cdot \text{s}}{\frac{\text{N} \cdot \text{m}}{\text{kg}}}$$

$$m_E = 7\,645\,260 \frac{\text{J}}{\frac{\text{J}}{\text{kg}}}$$

$$m_E = 7\,645\,260\,\text{kg}$$

$$m_Ä = \frac{250\,000\,\text{W} \cdot 3600\,\text{s}}{9{,}78\,\frac{\text{N}}{\text{kg}} \cdot 12\,\text{m}}$$

$$m_Ä = \left(\frac{250\,000 \cdot 3600}{9{,}78 \cdot 12}\right) \frac{\text{W} \cdot \text{s}}{\frac{\text{N}}{\text{kg}} \cdot \text{m}}$$

$$m_Ä = 7\,668\,712\,\text{kg}$$

Ergebnis: In Mitteleuropa werden von der Pumpe pro Stunde rund 7645 t (7645 m^3), am Äquator rund 7669 t (7669 m^3) Wasser gefördert.

5. Aufgabe

Gegeben: Anzahl der Dehnungsvorgänge: $n = 50$
Federkonstante: $D = 5\,\frac{\text{N}}{\text{cm}} = 500\,\frac{\text{N}}{\text{m}}$
Dehnungsstrecke: $s = 120\,\text{cm} = 1{,}2\,\text{m}$
Zeitdauer: $t = 75\,\text{s}$

Gesucht: Leistung: P

Lösungsplan: Die gesuchte Leistung ergibt sich aus der Definitionsgleichung der Leistung $P = \frac{W}{t}$, wenn man als Arbeit die Spannarbeit beim 50-maligen Dehnen des Expanders einsetzt. Diese ergibt sich aus der Beziehung $W_{\text{Spann}} = \frac{1}{2} \cdot D \cdot s$. Dabei empfiehlt es sich, die Federkonstante in der Einheit $\frac{\text{N}}{\text{m}}$ und die Dehnungsstrecke in der Einheit m einzusetzen. $\left(1\,\frac{\text{N}}{\text{cm}} = 100\,\frac{\text{N}}{\text{m}}\right)$.

Lösung

$$P = \frac{W}{t} = \frac{n \cdot \frac{1}{2} \cdot D \cdot s^2}{t} = \frac{n \cdot D \cdot s^2}{2 \cdot t}$$

$$P = \frac{50 \cdot 500\,\frac{\text{N}}{\text{m}} \cdot (1{,}2\,\text{m})^2}{2 \cdot 75\,\text{s}} = \left(\frac{50 \cdot 500 \cdot 1{,}2^2}{2 \cdot 75}\right) \frac{\text{N} \cdot \text{m}^2}{\text{m} \cdot \text{s}} = 240\,\frac{\text{N} \cdot \text{m}}{\text{s}} = 240\,\text{W}$$

Ergebnis: Die Leistung des Sportlers beträgt 240 W.

6. Aufgabe

▶ Seite 37

Gegeben: Masse: $m = 1375\,\text{kg}$

Leistung: $62\,\text{kW} = 62\,000\,\text{W}$

Endgeschwindigkeit: $v = 130\,\frac{\text{km}}{\text{h}} = \frac{130}{3{,}6}\,\frac{\text{m}}{\text{s}}$

Gesucht: Zeitdauer: t

Lösungsplan: Die gesuchte Zeitdauer ergibt sich aus der nach t aufgelösten Definitionsgleichung der Leistung $P = \frac{W}{t}$, wenn man für W die Beschleunigungsarbeit einsetzt. Bei der Zusammenfassung der Einheiten ist zu beachten, dass $1\,\frac{\text{kg}\cdot\text{m}^2}{\text{s}^2} = 1\,\text{J}$ und $1\,\text{W} = 1\,\frac{\text{J}}{\text{s}}$ gilt.

Lösung

$$P = \frac{W}{t} \Rightarrow t = \frac{W}{P} = \frac{\frac{1}{2}\cdot m\cdot v^2}{P} = \frac{m\cdot v^2}{2\cdot P}$$

$$t = \frac{1375\,\text{kg}\cdot\left(\frac{130}{3{,}6}\,\frac{\text{m}}{\text{s}}\right)^2}{2\cdot 62\,000\,\text{W}} = \left(\frac{1375\cdot 130^2}{2\cdot 62\,000\cdot 3{,}6^2}\right)\frac{\frac{\text{kg}\cdot\text{m}^2}{\text{s}^2}}{\text{W}} = 14{,}5\,\frac{\text{J}}{\frac{\text{J}}{\text{s}}} = 14{,}5\,\text{s}$$

Ergebnis: Es dauert 14,5 Sekunden, bis die Autobahn-Richtgeschwindigkeit erreicht ist.

7. Aufgabe

Gegeben: Masse der Lokomotive: $m_L = 100\,\text{t} = 100\,000\,\text{kg}$

Masse eines Kesselwagens: $m_K = 45\,\text{t} = 45\,000\,\text{kg}$

Anzahl der Kesselwagen: $n = 24$

Länge der durchfahrenen Strecke: $s = 15\,\text{km} = 15\,000\,\text{m}$

Leistung der Lokomotive: $P = 2000\,\text{kW} = 2\,000\,000\,\text{W}$

Rollreibungszahl: $\mu = 0{,}005$

Gesucht: Zeitdauer: t

Lösungsplan: Die Lokomotive muss entsprechend der Aufgabenstellung nur die Rollreibungskraft überwinden. Diese ist gleich dem Produkt aus Rollreibungszahl und Normalkraft. Auf ebener Strecke ist die Normalkraft gleich der Gewichtskraft.

Die gesuchte Zeitdauer ergibt sich aus der Definitionsgleichung der Leistung $P = \frac{W}{t}$ wenn man für W die Reibungsarbeit einsetzt. Bei der Zusammenfassung der Einheiten ist zu beachten, dass $1\,\text{W} = 1\,\frac{\text{N}\cdot\text{m}}{\text{s}}$.

▶ Seite 37

Lösung

$$P = \frac{W}{t} = \frac{F_R \cdot s}{t} = \frac{\mu \cdot F_G \cdot s}{t} = \frac{\mu \cdot m \cdot g \cdot s}{t} \Rightarrow t = \frac{\mu \cdot m \cdot g \cdot s}{P}$$

$$t = \frac{0{,}005 \cdot (100\,000\,\text{kg} + 24 \cdot 45\,000\,\text{kg}) \cdot 10\,\frac{\text{N}}{\text{kg}} \cdot 15\,000\,\text{m}}{2\,000\,000\,\text{W}}$$

$$t = \left(\frac{0{,}005 \cdot (100\,000 + 24 \cdot 45\,000) \cdot 10 \cdot 15\,000}{2\,000\,000}\right) \frac{\text{kg} \cdot \frac{\text{N}}{\text{kg}} \cdot \text{m}}{\text{W}}$$

$$t = 442{,}5\,\frac{\text{N} \cdot \text{m}}{\frac{\text{N} \cdot \text{m}}{\text{s}}} = 442{,}5\,\text{s}$$

Ergebnis: Die 15 km lange Strecke wird in 442,5 Sekunden = 7 Minuten 22,5 Sekunden durchfahren, also mit einer Geschwindigkeit von 122 $\frac{\text{km}}{\text{h}}$.

8. Aufgabe

Gegeben: Reibungskraft: $F_R = 3{,}7\,\text{kN} = 3700\,\text{N}$
Geschwindigkeit: $v = 330\,\frac{\text{km}}{\text{h}} = \frac{330}{3{,}6}\,\frac{\text{m}}{\text{s}}$

Gesucht: Leistung: P

Lösungsplan: Die gesuchte Leistung ergibt sich aus der Definitionsgleichung der Leistung $P = \frac{W}{t}$, wenn man als Arbeit die Reibungsarbeit einsetzt und dabei berücksichtigt, dass $\frac{\text{Weg}}{\text{Zeit}}$ = Geschwindigkeit.

Lösung

$$P = \frac{W}{t} = \frac{F_R \cdot s}{t} = F_R \cdot \frac{s}{t} = F_R \cdot v$$

$$P = 3700\,\text{N} \cdot \frac{330}{3{,}6}\,\frac{\text{m}}{\text{s}} = \left(\frac{3700 \cdot 330}{3{,}6}\right) \frac{\text{N} \cdot \text{m}}{\text{s}} = 339\,167\,\text{W}$$

Ergebnis: Der Rennwagen bringt eine Leistung von 339 kW auf die Räder.

9. Aufgabe

▶ Seite 37

Gegeben: Leistung: $P = 90\,\text{kW} = 90\,000\,\text{W}$

Luftwiderstand: $F_R = 1{,}5\,\text{kN} = 1500\,\text{N}$

Gesucht: Reisegeschwindigkeit: v

Lösungsplan: Die gesuchte Reisegeschwindigkeit ergibt sich aus der Definitionsgleichung der Leistung $P = \frac{W}{t}$, wenn man als Arbeit die Reibungsarbeit einsetzt und dabei berücksichtigt, dass der Quotient aus Weg und Zeit gleich der Geschwindigkeit ist. Beachte: $1\,\text{W} = 1\,\frac{\text{N}\cdot\text{m}}{\text{s}}$.

Lösung

$$P = \frac{W}{t} = \frac{F_R \cdot s}{t} = F_R \cdot \frac{s}{t} = F_R \cdot v \Rightarrow v = \frac{P}{F_R}$$

$$v = \frac{90\,000\,\text{W}}{1500\,\text{N}} = \left(\frac{90\,000}{1500}\right)\frac{\text{W}}{\text{N}} = 60\,\frac{\frac{\text{N}\cdot\text{m}}{\text{s}}}{\text{N}} = 60\,\frac{\text{m}}{\text{s}}$$

Ergebnis: Die Reisegeschwindigkeit beträgt $60\,\frac{\text{m}}{\text{s}}$, das sind $216\,\frac{\text{km}}{\text{h}}$.

10. Aufgabe

Gegeben: Masse: $m = 750\,\text{kg}$

Leistung: $P = 55\,\text{kW} = 55\,000\,\text{W}$

Endgeschwindigkeit: $v = 100\,\frac{\text{km}}{\text{h}} = \frac{100}{3{,}6}\,\frac{\text{m}}{\text{s}}$

Gesucht: Zeitdauer: t

Lösungsplan: Die gesuchte Zeitdauer ergibt sich aus der Definitionsgleichung der Leistung $P = \frac{W}{t}$, wenn man als Arbeit die Beschleunigungsarbeit $W = \frac{m}{2} \cdot v^2$ einsetzt. Um die Einheiten zusammenfassen zu können, muss man die Beziehungen $1\,\frac{\text{kg}\cdot\text{m}^2}{\text{s}^2} = 1\,\text{J}$ und $1\,\text{W} = 1\,\frac{\text{J}}{\text{s}}$ verwenden.

Lösung

$$P = \frac{W}{t} = \frac{\frac{1}{2}\cdot m \cdot v^2}{t} = \frac{m \cdot v^2}{2 \cdot t} \Rightarrow t = \frac{m \cdot v^2}{2 \cdot P}$$

$$t = \frac{750\,\text{kg} \cdot \left(\frac{100}{3{,}6}\,\frac{\text{m}}{\text{s}}\right)^2}{2 \cdot 55\,000\,\text{W}} = \left(\frac{750 \cdot 100^2}{2 \cdot 55\,000 \cdot 3{,}6^2}\right)\frac{\frac{\text{kg}\cdot\text{m}^2}{\text{s}^2}}{\text{W}} = 5{,}26\,\frac{\text{J}}{\frac{\text{J}}{\text{s}}} = 5{,}26\,\text{s}$$

Ergebnis: Es dauert 5,26 Sekunden.

▶ Seite 37

11. Aufgabe

Gegeben: Arbeit: $W = 168\,\text{J}$

Ballgeschwindigkeit: $v = 100\,\frac{\text{km}}{\text{h}} = \frac{100}{3{,}6}\,\frac{\text{m}}{\text{s}}$

Gesucht: Masse des Balls: m

Lösungsplan: Die gesuchte Masse ergibt sich aus der Definitionsgleichung der Beschleunigungsarbeit $W = \frac{m}{2} \cdot v^2$. Um die Einheiten zusammenfassen zu können, muss man die Beziehung $1\,\text{J} = 1\,\frac{\text{kg} \cdot \text{m}^2}{\text{s}^2}$ verwenden.

Lösung

$$W = \frac{m}{2} \cdot v^2 \Rightarrow m = \frac{2 \cdot W}{v^2} = \frac{2 \cdot 168\,\text{J}}{\left(\frac{100}{3{,}6}\,\frac{\text{m}}{\text{s}}\right)^2} = \left(\frac{2 \cdot 168 \cdot 3{,}6^2}{100^2}\right) \frac{\text{J}}{\left(\frac{\text{m}}{\text{s}}\right)^2}$$

$$m = 0{,}435\,\frac{\text{kg} \cdot \frac{\text{m}^2}{\text{s}^2}}{\left(\frac{\text{m}}{\text{s}}\right)^2} = 0{,}435\,\text{kg}$$

Ergebnis: Der Ball hat eine Masse von 435 g.

12. Aufgabe

Gegeben: Arbeit: $W = 168\,\text{J}$

Leistung: $P = 1{,}4\,\text{kW} = 1400\,\text{W}$

Gesucht: Zeitdauer des Ballkontaktes: t

Lösungsplan: Die gesuchte Zeitdauer ergibt sich aus der Definitionsgleichung $P = \frac{W}{t}$ der Leistung.

Lösung

$$P = \frac{W}{t} \Rightarrow t = \frac{W}{P} = \frac{168\,\text{J}}{1400\,\text{W}} = \left(\frac{168}{1400}\right) \frac{\text{J}}{\text{W}} = 0{,}12\,\frac{\text{J}}{\frac{\text{J}}{\text{s}}} = 0{,}12\,\text{s}$$

Ergebnis: Der Schütze hatte 0,12 Sekunden lang Kontakt mit dem Ball.

G Energie

1. Aufgabe ▶ Seite 40

Gegeben: Masse: $m = 1{,}2\,\text{kg}$
Höhe über der tiefsten Lage: $h = 1{,}25\,\text{m}$

Gesucht: Höhenenergie: W

Lösungsplan: Die gesuchte Energie ist gleich der Hubarbeit, die erforderlich ist, um eine Masse von 1,2 kg 1,25 m hochzuheben.

Lösung

$$W = m \cdot g \cdot h = 1{,}2\,\text{kg} \cdot 10\,\frac{\text{N}}{\text{kg}} \cdot 1{,}2\,\text{m} = (1{,}2 \cdot 10 \cdot 1{,}25)\,\frac{\text{kg} \cdot \text{N} \cdot \text{m}}{\text{kg}} = 15\,\text{N} \cdot \text{m}$$

Ergebnis: Die zur Verfügung stehende Energie beträgt 15 J.

2. Aufgabe

Gegeben: Masse des Lkw: $m = 28\,\text{t} = 28\,000\,\text{kg}$
Geschwindigkeit: $v = 80\,\frac{\text{km}}{\text{h}} = \frac{80}{3{,}6}\,\frac{\text{m}}{\text{s}}$

Gesucht: Bewegungsenergie: W

Lösungsplan: Die Bewegungsenergie ist gleich der Beschleunigungsarbeit, die erforderlich ist, um den Lkw aus der Ruhe heraus auf eine Geschwindigkeit von $80\,\frac{\text{km}}{\text{h}} = \frac{80}{3{,}6}\,\frac{\text{m}}{\text{s}}$ zu bringen. Beachte: $1\,\frac{\text{kg} \cdot \text{m}^2}{\text{s}^2} = 1\,\text{J}$.

Lösung

$$W = \frac{m}{2} \cdot v^2 = \frac{28\,000\,\text{kg}}{2} \cdot \left(\frac{80}{3{,}6}\,\frac{\text{m}}{\text{s}}\right)^2 = \left(\frac{28\,000 \cdot 80^2}{2 \cdot 3{,}6^2}\right)\frac{\text{kg} \cdot \text{m}^2}{\text{s}^2} = 6\,913\,580\,\text{J}$$

Ergebnis: Die Bewegungsenergie des Lkw beträgt 6914 kJ.

▶ Seite 40

3. Aufgabe

Gegeben: Kraft: $F = 50\,\text{N}$
Federweg: $s = 9\,\text{cm} = 0{,}09\,\text{m}$
Gesucht: Spannenergie: W

Lösungsplan: Die gesuchte Spannenergie ist gleich der Spannarbeit, die erforderlich ist, um die Feder zusammenzudrücken. Für die Spannarbeit gilt die Beziehung $W_{\text{Spann}} = \frac{1}{2} \cdot D \cdot s^2$. Die Federkonstante D ergibt sich dabei aus dem Hooke'schen Gesetz $F = D \cdot s$.

Lösung

$$W = \frac{1}{2} \cdot D \cdot s^2 \xRightarrow{D = \frac{F}{s}} W = \frac{1}{2} \cdot \frac{F}{s} \cdot s^2$$

$$W = \frac{1}{2} \cdot 50\,\text{N} \cdot 0{,}09\,\text{m} = \left(\frac{50 \cdot 0{,}09}{2}\right) \text{N} \cdot \text{m} = 2{,}25\,\text{J}$$

Ergebnis: Die Spannenergie der zusammengedrückten Feder beträgt 2,25 J.

4. Aufgabe

Gegeben: Spannenergie: $W = 1{,}6\,\text{kJ} = 1600\,\text{J}$
Federweg: $s = 8\,\text{cm} = 0{,}08\,\text{m}$
Gesucht: Federkonstante: D

Lösungsplan: Die gesuchte Federkonstante D ergibt sich aus der Formel für die Spannenergie $W_{\text{Spann}} = \frac{1}{2} \cdot D \cdot s^2$. Um die Einheiten kürzen zu können, muss man $1\,\text{J} = 1\,\text{N} \cdot \text{m}$ setzen.

Lösung

$$W = \frac{1}{2} \cdot D \cdot s^2 \Rightarrow D = \frac{2 \cdot W}{s^2} = \frac{2 \cdot 1600\,\text{J}}{(0{,}08\,\text{m})^2} = \left(\frac{2 \cdot 1600}{0{,}08^2}\right) \frac{\text{J}}{\text{m}^2} = 500\,000\,\frac{\text{N} \cdot \text{m}}{\text{m}^2} = 500\,000\,\frac{\text{N}}{\text{m}}$$

Ergebnis: Die Pufferfeder hat eine Federkonstante von $500\,000\,\frac{\text{N}}{\text{m}}$.

5. Aufgabe

Gegeben: Stündlicher Energiebedarf: $W = 0{,}2\,\text{J}$
Höhenunterschied: $h = 1{,}2\,\text{m}$
Gesucht: Masse des Uhrgewichts: m

Lösungsplan: Die beim Aufziehen der Uhr zugeführte Höhenenergie $m \cdot g \cdot h$ muss gleich dem 24-fachen des stündlichen Energiebedarfs der Uhr sein. Um die Einheiten kürzen zu können, muss man $1\,\text{J} = 1\,\text{N} \cdot \text{m}$ setzen.

Lösung

$$m \cdot g \cdot h = 24 \cdot W \Rightarrow m = \frac{24 \cdot W}{g \cdot h} = \frac{24 \cdot 0{,}2\,\text{J}}{10\,\frac{\text{N}}{\text{kg}} \cdot 1{,}2\,\text{m}} = \left(\frac{24 \cdot 0{,}2}{10 \cdot 1{,}2}\right) \frac{\text{J} \cdot \text{kg}}{\text{N} \cdot \text{m}} = 0{,}4\,\text{kg}$$

Ergebnis: Das Uhrgewicht hat eine Masse von 400 g.

6. Aufgabe

▶ Seite 40

Gegeben: Masse des Airbus: $m = 125\,\text{t} = 125\,000\,\text{kg}$
Höhe über der Landebahn: $h = 10\,800\,\text{m}$
Geschwindigkeit: $v = 910\,\frac{\text{km}}{\text{h}} = \frac{910}{3{,}6}\,\frac{\text{m}}{\text{s}}$

Gesucht: Gesamtenergie des Airbus: W_G

Lösungsplan: Die gesamte mechanische Energie W_G des Airbus ist gleich der Summe aus Höhenenergie $m \cdot g \cdot h$ und Bewegungsenergie $\frac{m}{2} \cdot v^2$.
Beachte: $1\,\text{N} \cdot \text{m} = 1\,\text{J} = 1\,\frac{\text{kg} \cdot \text{m}^2}{\text{s}^2}$.

Lösung

$$W_G = m \cdot g \cdot h + \frac{1}{2} \cdot m \cdot v^2$$

$$W_G = 125\,000\,\text{kg} \cdot 10\,\frac{\text{N}}{\text{kg}} \cdot 10\,800\,\text{m} + \frac{1}{2} \cdot 125\,000\,\text{kg} \cdot \left(\frac{910}{3{,}6}\,\frac{\text{m}}{\text{s}}\right)^2$$

$$W_G = 13\,500\,000\,000\,\frac{\text{kg} \cdot \text{N} \cdot \text{m}}{\text{kg}} + 3\,993\,537\,809\,\frac{\text{kg} \cdot \text{m}^2}{\text{s}^2}$$

$$W_G = 13\,500\,000\,000\,\text{J} + 3\,993\,537\,809\,\text{J} \approx 17\,500\,000\,000\,\text{J}$$

Ergebnis: Die mechanische Energie beträgt rund 17 500 000 kJ.

7. Aufgabe

Gegeben: Höhe über der Landebahn: $h = 11\,200\,\text{m}$
Alles andere wie in Aufgabe 6.

Gesucht: Gesamtenergie: W_G

Lösungsplan: Zu der in Aufgabe 6 berechneten Gesamtenergie kommt nun noch die Höhenenergie für die zusätzliche Höhendifferenz von 400 m hinzu.

Lösung

$$W_G = 17\,500\,000\,000\,\text{J} + 125\,000\,\text{kg} \cdot 10\,\frac{\text{N}}{\text{kg}} \cdot 400\,\text{m}$$

$$W_G = 17\,500\,000\,000\,\text{J} + 500\,000\,000\,\text{J} = 18\,000\,000\,000\,\text{J}$$

Ergebnis: Die zu beseitigende mechanische Energie beträgt rund 18 000 000 kJ.

▶ Seite 43

8. Aufgabe

Gegeben: Höhe über der Wasseroberfläche: $h = 10\,\text{m}$
Gesucht: Geschwindigkeit beim Auftreffen auf der Wasseroberfläche: v

Lösungsweg: Während des Fallens wandelt sich die Höhenenergie $m \cdot g \cdot h$, die der Springer auf dem Turm hat, in Bewegungsenergie $\frac{1}{2} \cdot m \cdot v^2$ um. Bei seinem Auftreffen auf der Wasseroberfläche ist die Bewegungsenergie gleich der ursprünglich vorhandenen Höhenenergie. Die Masse des Springers spielt für das Ergebnis keine Rolle. Die Einheiten lassen sich mithilfe der Beziehung $1\,\text{N} \cdot \text{m} = 1\,\text{J} = 1\,\frac{\text{kg} \cdot \text{m}^2}{\text{s}^2}$ zusammenfassen.

Lösung

$$m \cdot g \cdot h = \frac{1}{2} \cdot m \cdot v^2 \qquad | :m$$

$$g \cdot h = \frac{1}{2} \cdot v^2 \Rightarrow v^2 = 2 \cdot g \cdot h$$

$$v^2 = 2 \cdot 10\,\frac{\text{N}}{\text{kg}} \cdot 10\,\text{m} = (2 \cdot 10 \cdot 10)\,\frac{\text{N} \cdot \text{m}}{\text{kg}} = 200\,\frac{\frac{\text{kg} \cdot \text{m}^2}{\text{s}^2}}{\text{kg}} = 200\,\frac{\text{m}^2}{\text{s}^2}$$

$$v = \sqrt{200\,\frac{\text{m}^2}{\text{s}^2}} \approx 14{,}1\,\frac{\text{m}}{\text{s}}$$

Ergebnis: Der Springer trifft mit einer Geschwindigkeit von $14{,}1\,\frac{\text{m}}{\text{s}}$ $\left(= 51\,\frac{\text{km}}{\text{h}}\right)$ auf die Wasseroberfläche.

9. Aufgabe

Gegeben: Aufprallgeschwindigkeit: $v = 80\,\frac{\text{km}}{\text{h}} = \frac{80}{3{,}6}\,\frac{\text{m}}{\text{s}}$
Gesucht: Fallhöhe: h

Lösungsplan: Die Höhenenergie des am Kranhaken hängenden Autos muss gleich der Bewegungsenergie sein, die es bei einer Geschwindigkeit von $80\,\frac{\text{km}}{\text{h}}$ hat. Das Ergebnis ist unabhängig von der Masse des Autos. Zur Vereinfachung der Einheiten muss die Beziehung $1\,\text{N} \cdot \text{m} = 1\,\text{J} = 1\,\frac{\text{kg} \cdot \text{m}^2}{\text{s}^2}$ verwendet werden.

Lösung

$$m \cdot g \cdot h = \frac{1}{2} \cdot m \cdot v^2 \qquad | :m$$

$$g \cdot h = \frac{1}{2} \cdot v^2 \Rightarrow h = \frac{v^2}{2 \cdot g}$$

$$h = \frac{\left(\frac{80}{3{,}6}\,\frac{\text{m}}{\text{s}}\right)^2}{2 \cdot 10\,\frac{\text{N}}{\text{kg}}} = \left(\frac{80^2}{2 \cdot 10 \cdot 3{,}6^2}\right) \frac{\frac{\text{kg} \cdot \text{m}^2}{\text{s}^2}}{\text{N}} = 24{,}7\,\frac{\text{N} \cdot \text{m}}{\text{N}} = 24{,}7\,\text{m}$$

Ergebnis: Das Auto muss unabhängig von seiner Masse aus einer Höhe von rund 25 m herabfallen, um einen Zusammenstoß mit einem festen Hindernis bei einer Geschwindigkeit von $80\,\frac{\text{km}}{\text{h}}$ zu simulieren.

10. Aufgabe

▶ Seite 43

Gegeben: Höhe über dem tiefsten Punkt der Bahn $h = 80\,\text{cm} = 0{,}8\,\text{m}$
Gesucht: Geschwindigkeit im tiefsten Punkt der Bahn: v

Lösungsplan: Beim Durchgang durch den tiefsten Punkt ihrer Bahn ist die gesamte Höhenenergie, die der Schaukel zugeführt wurde, in Bewegungsenergie übergegangen. Bei der Zusammenfassung der Einheiten muss die Beziehung $1\,\text{N}\cdot\text{m} = 1\,\text{J} = 1\,\frac{\text{kg}\cdot\text{m}^2}{\text{s}^2}$ verwendet werden.

Lösung

$$m \cdot g \cdot h = \frac{1}{2} \cdot m \cdot v^2 \qquad |:m$$

$$g \cdot h = \frac{1}{2} \cdot v^2 \Rightarrow v^2 = 2 \cdot g \cdot h$$

$$v^2 = 2 \cdot 10\,\frac{\text{N}}{\text{kg}} \cdot 0{,}8\,\text{m} = (2 \cdot 10 \cdot 0{,}8)\,\frac{\text{N}\cdot\text{m}}{\text{kg}} = 16\,\frac{\frac{\text{kg}\cdot\text{m}^2}{\text{s}^2}}{\text{kg}} = 16\,\frac{\text{m}^2}{\text{s}^2}$$

$$v = 4\,\frac{\text{m}}{\text{s}}$$

Ergebnis: Beim Durchgang durch den tiefsten Punkt ihrer Bahn hat die Schaukel eine Geschwindigkeit von $4\,\frac{\text{m}}{\text{s}}$ bzw. $14{,}4\,\frac{\text{km}}{\text{h}}$. Die Masse m hat sich im Laufe der Rechnung herausgekürzt. Ob also ein schweres oder ein leichtes Kind auf der Schaukel sitzt, spielt für die betrachtete Geschwindigkeit keine Rolle.

11. Aufgabe

Gegeben: Geschwindigkeit im tiefsten Punkt der Bahn: $v = 7\,\frac{\text{m}}{\text{s}}$
Gesucht: Steighöhe: h

Lösungsplan: Am höchsten Punkt ihrer Bahn ist die gesamte Bewegungsenergie, die die Schiffsschaukel beim Durchgang durch den tiefsten Punkt hatte, in Höhenenergie übergegangen. Die Bewegungsenergie im tiefsten Punkt der Bahn ist also gleich der Höhenenergie im höchsten Punkt der Bahn. Die Einheiten lassen sich zusammenfassen, wenn man die Beziehung $1\,\text{N}\cdot\text{m} = 1\,\text{J} = 1\,\frac{\text{kg}\cdot\text{m}^2}{\text{s}^2}$ verwendet.

Lösung

$$m \cdot g \cdot h = \frac{1}{2} \cdot m \cdot v^2 \qquad |:m$$

$$g \cdot h = \frac{1}{2} \cdot v^2 \Rightarrow h = \frac{v^2}{2 \cdot g} = \frac{\left(7\,\frac{\text{m}}{\text{s}}\right)^2}{2 \cdot 10\,\frac{\text{N}}{\text{kg}}} = \left(\frac{7}{2 \cdot 10}\right)\frac{\frac{\text{kg}\cdot\text{m}^2}{\text{s}^2}}{\text{N}}$$

$$h = 2{,}45\,\frac{\text{N}\cdot\text{m}}{\text{N}} = 2{,}45\,\text{m}$$

Ergebnis: Die Schiffsschaukel steigt unabhängig von ihrer Masse auf eine Höhe von $2{,}45\,\text{m}$ über dem tiefsten Punkt ihrer Bahn.

▶ Seite 43

12. Aufgabe

Gegeben: Höhe des höchsten Bahnpunktes über dem tiefsten Punkt der kreisförmigen Bahn: $h = 2 \cdot 3\,\text{m} = 6\,\text{m}$

Gesucht: Geschwindigkeit im tiefsten Punkt der Bahn: v

Lösungsplan: Damit es zum Überschlag kommt, muss die Bewegungsenergie im tiefsten Bahnpunkt mindestens genau so groß sein, wie die Höhenenergie im höchsten Bahnpunkt. Die Masse spielt für das Ergebnis keine Rolle. Zur Vereinfachung der Einheiten muss die Beziehung $1\,\text{N} \cdot \text{m} = 1\,\text{J} = 1\,\frac{\text{kg} \cdot \text{m}^2}{\text{s}^2}$ verwendet werden.

Lösung

$$\frac{1}{2} \cdot m \cdot v^2 \geq m \cdot g \cdot h \qquad | :m$$

$$\frac{1}{2} \cdot v^2 \geq g \cdot h \Rightarrow v^2 \geq 2 \cdot g \cdot h$$

$$v^2 \geq 2 \cdot 10\,\frac{\text{N}}{\text{kg}} \cdot 6\,\text{m} = (2 \cdot 10 \cdot 6)\,\frac{\text{N} \cdot \text{m}}{\text{kg}} = 120\,\frac{\frac{\text{kg} \cdot \text{m}^2}{\text{s}^2}}{\text{kg}} = 120\,\frac{\text{m}^2}{\text{s}^2}$$

$$v \geq 11{,}0\,\frac{\text{m}}{\text{s}}$$

Ergebnis: Die Geschwindigkeit im tiefsten Punkt der Bahn muss mindestens $11{,}0\,\frac{\text{m}}{\text{s}}$ betragen. Das sind rund $40\,\frac{\text{km}}{\text{h}}$.

13. Aufgabe

Gegeben: Federkonstante: $D = 625\,\frac{\text{N}}{\text{m}}$
Federweg: $s = 10\,\text{cm} = 0{,}1\,\text{m}$
Masse des Bolzens: $m = 10\,\text{g} = 0{,}01\,\text{kg}$

Gesucht: Geschwindigkeit: v

Lösungsplan: Die gesamte Spannenergie der Feder geht als Bewegungsenergie auf den Bolzen über. Die Bewegungsenergie des Bolzens beim Verlassen der Pistole ist also gleich der Spannenergie der Feder. Die Einheiten lassen sich mit Hilfe der Beziehung $1\,\frac{\text{kg} \cdot \text{m}^2}{\text{s}^2} = 1\,\text{J} = 1\,\text{N} \cdot \text{m}$ zusammenfassen.

Lösung

$$\frac{1}{2} \cdot m \cdot v^2 = \frac{1}{2} \cdot D \cdot s^2 \qquad | \cdot 2$$

$$m \cdot v^2 = D \cdot s^2 \Rightarrow v^2 = \frac{D \cdot s^2}{m} = \frac{625\,\frac{\text{N}}{\text{m}} \cdot (0{,}1\,\text{m})^2}{0{,}01\,\text{kg}}$$

$$v^2 = \left(\frac{625 \cdot 0{,}1^2}{0{,}01}\right) \frac{\frac{\text{N}}{\text{m}} \cdot \text{m}^2}{\text{kg}} = 625\,\frac{\text{N} \cdot \text{m}}{\text{kg}} = 625\,\frac{\frac{\text{kg} \cdot \text{m}^2}{\text{s}^2}}{\text{kg}} = 625\,\frac{\text{m}^2}{\text{s}^2} \Rightarrow v = 25\,\frac{\text{m}}{\text{s}}$$

Ergebnis: Der Bolzen verlässt die Pistole mit einer Geschwindigkeit von $25\,\frac{\text{m}}{\text{s}} = 90\,\frac{\text{km}}{\text{h}}$.

14. Aufgabe

▶ Seite 43

Gegeben: Federkraft: $F = 36\,\text{N}$
Federweg: $s = 8\,\text{cm} = 0{,}08\,\text{m}$
Masse des Bolzens: $m = 12\,\text{g} = 0{,}012\,\text{kg}$

Gesucht: Vom Bolzen erreichte Höhe: h

Lösungsplan: Die gesamte Spannenergie der Feder wird zunächst in Bewegungsenergie und danach in Höhenenergie des Bolzens umgewandelt. Die Spannenergie der Feder ist also gleich der Höhenenergie des Bolzens. Die dabei auftretende Federkonstante D lässt sich aus der „End"-Kraft F und dem Federweg s mithilfe des Hooke'schen Gesetzes $F = D \cdot s$ ermitteln.

Lösung

$$\frac{1}{2} \cdot D \cdot s^2 = m \cdot g \cdot h \xRightarrow{D = \frac{F}{s}} \frac{1}{2} \cdot \frac{F}{s} \cdot s^2 = m \cdot g \cdot h \Rightarrow \frac{1}{2} \cdot F \cdot s = m \cdot g \cdot h$$

$$\Rightarrow h = \frac{F \cdot s}{2 \cdot m \cdot g} = \frac{36\,\text{N} \cdot 0{,}08\,\text{m}}{2 \cdot 0{,}012\,\text{kg} \cdot 10\,\frac{\text{N}}{\text{kg}}} = \left(\frac{36 \cdot 0{,}08}{2 \cdot 0{,}012 \cdot 10}\right) \frac{\text{N} \cdot \text{m}}{\text{N}} = 12\,\text{m}$$

Ergebnis: Der Bolzen erreicht eine Höhe von 12 m.

15. Aufgabe

Gegeben: Federkraft: $F = 36\,\text{N}$
Federweg: $s = 0{,}08\,\text{m}$
Vom Bolzen erreichte Höhe: $h = 20\,\text{m}$

Gesucht: Masse des Bolzens: m

Lösungsplan: Siehe vorhergehende Aufgabe 14

Lösung

$$\frac{1}{2} \cdot D \cdot s^2 = m \cdot g \cdot h \xRightarrow{D = \frac{F}{s}} \frac{1}{2} \cdot F \cdot s = m \cdot g \cdot h$$

$$\Rightarrow m = \frac{F \cdot s}{2 \cdot g \cdot h} = \frac{36\,\text{N} \cdot 0{,}08\,\text{m}}{2 \cdot 10\,\frac{\text{N}}{\text{kg}} \cdot 20\,\text{m}} = \left(\frac{36 \cdot 0{,}08}{2 \cdot 10 \cdot 20}\right) \frac{\text{N} \cdot \text{m} \cdot \text{kg}}{\text{N} \cdot \text{m}} = 0{,}0072\,\text{kg}$$

Ergebnis: Der Bolzen hat eine Masse von 7,2 g.

▶ Seite 43

16. Aufgabe

Gegeben: Masse des Pkw: $m = 1{,}2\,t = 1200\,kg$
Motorkraft: $F = 1{,}8\,kN = 1800\,N$
Beschleunigungsstrecke: $s = 250\,m$

Gesucht: Geschwindigkeit: v

Lösungsplan: Die vom Motor auf der 250 m langen Strecke verrichtete Arbeit ist gleich dem Produkt aus Motorkraft und Beschleunigungsstrecke. Sie ist gleich der Bewegungsenergie, die der Pkw am Ende dieser Beschleunigungsstrecke hat. Die Einheiten lassen sich mithilfe der Beziehung $1\,N \cdot m = 1\,J = 1\,\frac{kg \cdot m^2}{s^2}$ zusammenfassen.

Lösung

$$F \cdot s = \frac{1}{2} \cdot m \cdot v^2 \Rightarrow v^2 = \frac{2 \cdot F \cdot s}{m}$$

$$v^2 = \frac{2 \cdot 1800\,N \cdot 250\,m}{1200\,kg} = \left(\frac{2 \cdot 1800 \cdot 250}{1200}\right)\frac{N \cdot m}{kg} = 750\,\frac{\frac{kg \cdot m^2}{s^2}}{kg} = 750\,\frac{m^2}{s^2}$$

$$v = 27{,}4\,\frac{m}{s}$$

Ergebnis: Der Pkw erreicht eine Geschwindigkeit von $27{,}4\,\frac{m}{s} = 99\,\frac{km}{h}$.

▶ Seite 45

17. Aufgabe

Gegeben: Masse des Flugzeugs: $m = 380\,kg$
Höhe über dem Landeplatz: $h = 1200\,m$
Geschwindigkeit: $v = 108\,\frac{km}{h} = \frac{108}{3{,}6}\,\frac{m}{s}$
prozentualer Energie„verlust“: $p = 90\,\%$

Gesucht: Landegeschwindigkeit: v_L

Lösungsplan: Die Gesamtenergie W_G des Flugzeugs ist gleich der Summe aus Höhenenergie $m \cdot g \cdot h$ und Bewegungsenergie $\frac{m}{2} \cdot v^2$. Der 10. Teil davon ist gleich der Bewegungsenergie W_L, die das Flugzeug beim Aufsetzen auf der Landebahn noch besitzt. Daraus lässt sich die Landegeschwindigkeit berechnen.
Beachte: $1\,J = 1\,\frac{kg \cdot m^2}{s^2}$.

Lösung ▶ Seite 45

1. Gesamtenergie im Flug:

$$W_G = m \cdot g \cdot h + \frac{1}{2} \cdot m \cdot v^2$$

$$W_G = 380\,\text{kg} \cdot 10\,\frac{\text{N}}{\text{kg}} \cdot 1200\,\text{m} + \frac{1}{2} \cdot 380\,\text{kg} \cdot \left(\frac{108}{3{,}6}\,\frac{\text{m}}{\text{s}}\right)^2$$

$$W_G = (380 \cdot 10 \cdot 1200)\,\frac{\text{kg} \cdot \text{N} \cdot \text{m}}{\text{kg}} + \left(\frac{380 \cdot 108^2}{2 \cdot 3{,}6^2}\right)\frac{\text{kg} \cdot \text{m}^2}{\text{s}^2}$$

$$W_G = 4\,560\,000\,\text{J} + 171\,000\,\text{J} = 4\,731\,000\,\text{J}$$

2. Bewegungsenergie beim Aufsetzen:

$$W_L = \frac{1}{2} \cdot m \cdot v_L^2 = \frac{1}{10} \cdot W_G \Rightarrow v_L^2 = \frac{2 \cdot W_G}{10m}$$

$$v_L^2 = \frac{2 \cdot 4731\,000\,\text{J}}{10 \cdot 380\,\text{kg}} = \left(\frac{2 \cdot 4731\,000}{10 \cdot 380}\right)\frac{\text{J}}{\text{kg}} = 2490\,\frac{\frac{\text{kg} \cdot \text{m}^2}{\text{s}^2}}{\text{kg}} = 2490\,\frac{\text{m}^2}{\text{s}^2}$$

$$v = 50\,\frac{\text{m}}{\text{s}}$$

Ergebnis: Das Flugzeug setzt mit einer Geschwindigkeit von $50\,\frac{\text{m}}{\text{s}} = 180\,\frac{\text{km}}{\text{h}}$ auf der Landebahn auf.

18. Aufgabe

Gegeben: Landegeschwindigkeit: $v_L = 80\,\frac{\text{km}}{\text{h}} = \frac{80}{3{,}6}\,\frac{\text{m}}{\text{s}}$
Gesamtenergie: $W_G = 4\,731\,000\,\text{J}$

Gesucht: Reibungsarbeit: W_R

Lösungsplan: Die gesuchte Reibungsarbeit ist gleich der Differenz aus der in Aufgabe 17 berechneten Gesamtenergie W_G des Flugzeugs und der Bewegungsenergie $W_L = \frac{m}{2} \cdot v_L^2$, die es beim Aufsetzen auf der Landebahn noch haben darf, wenn die Landegeschwindigkeit $v_L = 80\,\frac{\text{km}}{\text{h}}$ betragen soll.

Lösung

$$W_R = W_G - W_L \xrightarrow{W_L = \frac{1}{2} \cdot m \cdot v_L^2} W_R = W_G - \frac{1}{2} \cdot m \cdot v_L^2$$

$$W_R = 4731\,000\,\text{J} - \frac{1}{2} \cdot 380\,\text{kg} \cdot \left(\frac{80}{3{,}6}\,\frac{\text{m}}{\text{s}}\right)^2$$

$$W_R = 4731\,000\,\text{J} - 93\,827\,\text{J} = 4\,637\,173\,\text{J}$$

Ergebnis: Das Flugzeug muss während des Landeanflugs eine Reibungsarbeit von rund 4637 kJ verrichten.

▶ Seite 45

19. Aufgabe

Gegeben: Masse des Flugzeugs: $m = 410\,\text{kg}$
Höhe über dem Landeplatz: $h = 2100\,\text{m}$
Luftwiderstand: $F_R = 110\,\text{N}$

Gesucht: Weglänge: s

Lösungsplan: Die Strecke, die das Flugzeug noch zurücklegen kann, ergibt sich, wenn man die Reibungsarbeit, die bis zum Aufsetzen auf der Landebahn gegen den Luftwiderstand verrichtet werden muss, und die vorhandene Höhenenergie gleichsetzt.

Lösung

$$W_R = W_H \Rightarrow F_R \cdot s = m \cdot g \cdot h \Rightarrow s = \frac{m \cdot g \cdot h}{F_R}$$

$$s = \frac{410\,\text{kg} \cdot 10\frac{\text{N}}{\text{kg}} \cdot 2100\,\text{m}}{110\,\text{N}} = \left(\frac{410 \cdot 10 \cdot 2100}{110}\right)\frac{\text{kg} \cdot \text{N} \cdot \text{m}}{\text{kg} \cdot \text{N}} = 78\,273\,\text{m}$$

Ergebnis: Das Flugzeug kann eine Strecke von rund 78 km zurücklegen, erreicht also den nur 75 km entfernten Flugplatz.

20. Aufgabe

Gegeben: Masse des Flugzeugs: $m = 380\,\text{kg}$
Höhe über der Landebahn: $h = 2400\,\text{m}$
Geschwindigkeit: $v = 90\frac{\text{km}}{\text{h}} = \frac{90}{3{,}6}\frac{\text{m}}{\text{s}}$
Luftwiderstand: $F_R = 150\,\text{N}$

Gesucht: Zeitdauer: t

Lösungsplan: Da die Fluggeschwindigkeit genau so groß ist, wie die Geschwindigkeit, mit der das Flugzeug auf der Landebahn aufsetzt, muss lediglich seine Höhenenergie in Reibungsarbeit umgesetzt werden. Der bei der Reibungsarbeit auftretende Weg s lässt sich als Produkt aus Geschwindigkeit v und Zeitdauer t schreiben.

Lösung

$$W_H = W_R \Rightarrow m \cdot g \cdot h = F_R \cdot s \xrightarrow{s = v \cdot t} m \cdot g \cdot h = F_R \cdot v \cdot t$$

$$\Rightarrow t = \frac{m \cdot g \cdot h}{F_R \cdot v} = \frac{380\,\text{kg} \cdot 10\frac{\text{N}}{\text{kg}} \cdot 2400\,\text{m}}{150\,\text{N} \cdot \frac{90}{3{,}6}\frac{\text{m}}{\text{s}}} = \left|\frac{380 \cdot 10 \cdot 2400}{150 \cdot \frac{90}{3{,}6}}\right|\frac{\text{kg} \cdot \text{N} \cdot \text{m} \cdot \text{s}}{\text{N} \cdot \text{kg} \cdot \text{m}}$$

$t = 2432\,\text{s}$

Ergebnis: Bis zum Aufsetzen auf der Landebahn vergehen noch 40 Minuten und 32 Sekunden.

21. Aufgabe

▶ Seite 47

Gegeben: Masse des Pkw: $m = 1{,}4\,\text{t} = 1400\,\text{kg}$
Geschwindigkeit: $v = 144\,\frac{\text{km}}{\text{h}} = \frac{144}{3{,}6}\,\frac{\text{m}}{\text{s}}$
Maximaler Bremsweg: $s = 250\,\text{m}$

Gesucht: Bremskraft: F_B

Lösungsplan: Die beim Bremsen zu verrichtende Reibungsarbeit ist gleich dem Produkt aus der Bremskraft und dem Bremsweg. Sie muss gleich der ursprünglich vorhandenen Bewegungsenergie sein. Die so erhaltene Gleichung wird nach der gesuchten Bremskraft aufgelöst. Die Einheiten lassen sich mithilfe der Beziehung $1\,\text{N}\cdot\text{m} = 1\,\text{J} = 1\,\frac{\text{kg}\cdot\text{m}^2}{\text{s}^2}$ zusammenfassen.

Lösung

$$W_R = W_B \Rightarrow F_B \cdot s = \frac{1}{2}\cdot m \cdot v^2 \Rightarrow F_B = \frac{m\cdot v^2}{2\cdot s}$$

$$F_B = \frac{1400\,\text{kg}\cdot\left(\frac{144}{3{,}6}\,\frac{\text{m}}{\text{s}}\right)^2}{2\cdot 250\,\text{m}} = \left(\frac{1400\cdot 144^2}{2\cdot 250\cdot 3{,}6^2}\right)\frac{\frac{\text{kg}\cdot\text{m}^2}{\text{s}^2}}{\text{m}} = 4480\,\frac{\text{N}\cdot\text{m}}{\text{m}} = 4480\,\text{N}$$

Ergebnis: Die Bremskraft muss mindestens 4480 N betragen.

22. Aufgabe

Gegeben: Masse des Pkw: $m = 1{,}4\,\text{t} = 1400\,\text{kg}$
Geschwindigkeit: $v = 130\,\frac{\text{km}}{\text{h}} = \frac{130}{3{,}6}\,\frac{\text{m}}{\text{s}}$
Bremskraft: $F_B = 6{,}4\,\text{kN} = 6400\,\text{N}$

Gesucht: Bremsweg: s

Lösungsplan: Damit das Auto zum Stehen kommt, muss seine gesamte Bewegungsenergie in Reibungsarbeit umgewandelt werden. Die von der Bremskraft längs des Bremsweges verrichtete Reibungsarbeit muss also gleich der ursprünglichen Bewegungsenergie sein. Die Einheiten lassen sich mithilfe der Beziehung $1\,\text{N}\cdot\text{m} = 1\,\text{J} = 1\,\frac{\text{kg}\cdot\text{m}^2}{\text{s}^2}$ zusammenfassen.

Lösung

$$W_R = W_B \Rightarrow F_B \cdot s = \frac{1}{2}\cdot m \cdot v^2 \Rightarrow s = \frac{m\cdot v^2}{2\cdot F_B}$$

$$s = \frac{1400\,\text{kg}\cdot\left(\frac{130}{3{,}6}\,\frac{\text{m}}{\text{s}}\right)^2}{2\cdot 6400\,\text{N}} = \left(\frac{1400\cdot 130^2}{2\cdot 6400\cdot 3{,}6^2}\right)\frac{\frac{\text{kg}\cdot\text{m}^2}{\text{s}^2}}{\text{N}} = 142{,}6\,\frac{\text{N}\cdot\text{m}}{\text{N}} = 142{,}6\,\text{m}$$

Ergebnis: Der Bremsweg beträgt 142,6 m.

▶ Seite 47

23. Aufgabe

Gegeben: Masse des Pkw: $m = 1400\,\text{kg}$
Geschwindigkeit: $v = 130\,\frac{\text{km}}{\text{h}} = \frac{130}{3{,}6}\,\frac{\text{m}}{\text{s}}$
Bremsweg: $s = 100\,\text{m}$

Gesucht: Bremskraft: F_B

Lösungsplan: Siehe Aufgabe 22

Lösung

$$\frac{1}{2}\cdot m\cdot v^2 = F_B\cdot s \Rightarrow F_B = \frac{m\cdot v^2}{2\cdot s}$$

$$F_B = \frac{1400\,\text{kg}\cdot\left(\frac{130}{3{,}6}\,\frac{\text{m}}{\text{s}}\right)^2}{2\cdot 100\,\text{m}} = \frac{\left(\frac{1400\cdot 130^2}{2\cdot 100\cdot 3{,}6^2}\right)\frac{\text{kg}\cdot\text{m}^2}{\text{s}^2}}{\text{m}} = 9128\,\frac{\text{N}\cdot\text{m}}{\text{m}} = 9128\,\text{N}$$

Ergebnis: Bei einem Bremsweg von nur 100 m muss die Bremskraft einen Betrag von 9128 N haben.

24. Aufgabe

Gegeben: Masse des Pkw: $m = 1300\,\text{kg}$
Geschwindigkeit vor dem Abbremsen: $v_1 = 130\,\frac{\text{km}}{\text{h}} = \frac{130}{3{,}6}\,\frac{\text{m}}{\text{s}}$
Geschwindigkeit nach dem Abbremsen: $v_2 = 60\,\frac{\text{km}}{\text{h}} = \frac{60}{3{,}6}\,\frac{\text{m}}{\text{s}}$
Verzögerungsstrecke: $s = 80\,\text{m}$

Gesucht: Reibungsarbeit: W_R
Bremskraft: F_B

Lösungsplan: Die gesuchte Reibungsarbeit ist gleich der Abnahme der Bewegungsenergie. Diese wiederum ist gleich der Differenz zwischen der Bewegungsenergie vor dem Abbremsen und der Bewegungsenergie nach dem Abbremsen. Zur Berechnung der Bremskraft setzt man die so errechnete Reibungsarbeit gleich dem Produkt aus Bremskraft und Verzögerungsstrecke. Die Einheiten lassen sich kürzen, wenn man $1\,\text{J} = 1\,\text{N}\cdot\text{m}$ setzt.

Lösung

1. Berechnung der Reibungsarbeit W_R:

$$W_R = \frac{m}{2}\cdot v_1^2 - \frac{m}{2}\cdot v_2^2 \Rightarrow W_R = \frac{m}{2}\cdot\left(v_1^2 - v_2^2\right)$$

$$W_R = \frac{1300\,\text{kg}}{2}\cdot\left[\left(\frac{130}{3{,}6}\,\frac{\text{m}}{\text{s}}\right)^2 - \left(\frac{60}{3{,}6}\,\frac{\text{m}}{\text{s}}\right)^2\right] = \left[\frac{1300}{2\cdot 3{,}6^2}(130^2 - 60^2)\right]\frac{\text{kg}\cdot\text{m}^2}{\text{s}^2} = 667\,052\,\text{J}$$

2. Berechnung der Bremskraft F_B:

$$W_R = F_B\cdot s \Rightarrow F_B = \frac{W_R}{s} = \frac{667\,052\,\text{J}}{80\,\text{m}} = 2668\,\frac{\text{N}\cdot\text{m}}{\text{m}} = 2668\,\text{N}$$

Ergebnis: Die Reibungsarbeit beträgt 667 kJ, die Bremskraft rund 2,7 kN.

25. Aufgabe

▶ Seite 47

Gegeben: Geschwindigkeit: $v = 30\frac{\text{km}}{\text{h}} = \frac{30}{3{,}6}\frac{\text{m}}{\text{s}}$
Reibungszahl: $\mu = 0{,}1$
Gesucht: Rutschstrecke: s

Lösungsplan: Wenn das Auto zum Stillstand gekommen ist, dann ist seine gesamte ursprünglich vorhandene Bewegungsenergie in Reibungsarbeit umgewandelt worden Bewegungsenergie und Reibungsarbeit müssen also gleichgesetzt werden. Letztere ist gleich dem Produkt aus Reibungskraft und Rutschstrecke, wobei die Reibungskraft gleich dem Produkt aus Gewichtskraft des Autos und der Reibungszahl ist. Die Einheiten lassen sich zusammenfassen, wenn man die Beziehung $1\frac{\text{kg}\cdot\text{m}^2}{\text{s}^2} = 1\,\text{J} = 1\,\text{N}\cdot\text{m}$ verwendet.

Lösung

$$W_\text{B} = W_\text{R} \Rightarrow \frac{1}{2}\cdot m\cdot v^2 = F_\text{R}\cdot s$$

$$F_\text{R} = \mu\cdot F_\text{G} = \mu\cdot m\cdot g$$

$$\frac{1}{2}\cdot m\cdot v^2 = \mu\cdot m\cdot g\cdot s \qquad |:m$$

$$\frac{1}{2}\cdot v^2 = \mu\cdot g\cdot s \Rightarrow s = \frac{v^2}{2\cdot\mu\cdot g}$$

$$s = \frac{\left(\frac{30}{3{,}6}\frac{\text{m}}{\text{s}}\right)^2}{2\cdot 0{,}1\cdot 10\frac{\text{N}}{\text{kg}}} = \left(\frac{30^2}{2\cdot 0{,}1\cdot 3{,}6^2}\right)\frac{\frac{\text{m}^2}{\text{s}^2}}{\frac{\text{N}}{\text{kg}}} = 34{,}7\frac{\frac{\text{kg}\cdot\text{m}^2}{\text{s}^2}}{\text{N}} = 34{,}7\frac{\text{N}\cdot\text{m}}{\text{N}} = 34{,}7\,\text{m}$$

Ergebnis: Mit den blockierten Rädern rutscht das Auto noch rund 35 m weit. Die Masse des Autos spielt dabei keine Rolle, da sie sich im Laufe der Rechnung herausgehoben hat.

26. Aufgabe

Gegeben: Rutschstrecke: $s = 15\,\text{m}$
Reibungszahl: $\mu = 0{,}1$
Gesucht: Geschwindigkeit: v

Lösungsplan: Siehe Aufgabe 25

Lösung

$$\frac{1}{2}v^2 = \mu\cdot g\cdot s \Rightarrow v^2 = 2\cdot\mu\cdot g\cdot s$$

$$v^2 = 2\cdot 0{,}1\cdot 10\frac{\text{N}}{\text{kg}}\cdot 15\,\text{m} = (2\cdot 0{,}1\cdot 10\cdot 15)\frac{\text{N}\cdot\text{m}}{\text{kg}} = 30\frac{\frac{\text{kg}\cdot\text{m}^2}{\text{s}^2}}{\text{kg}} = 30\frac{\text{m}^2}{\text{s}^2}$$

$$v = 5{,}48\frac{\text{m}}{\text{s}}$$

Ergebnis: Das Auto darf, unabhängig von seiner Masse, eine Geschwindigkeit von höchstens $5{,}48\frac{\text{m}}{\text{s}} = 20\frac{\text{km}}{\text{h}}$ haben.

H Druck

▶ Seite 50

1. Aufgabe

Gegeben: Senkrecht auf die Standfläche wirkende Kraft: $F = 525\,N$
Inhalt der Standfläche: $A = 1{,}5\,cm^2 = 0{,}00015\,m^2$

Gesucht: Druck: p

Lösungsplan: Der gesuchte Druck ergibt sich aus der Definitionsgleichung $p = \frac{F}{A}$. Es ist zweckmäßig, die Fläche in der Einheit m^2 einzusetzen. Für den Druck ergibt sich dann die Einheit Pascal.

Lösung

$$p = \frac{F}{A} = \frac{525\,N}{0{,}00015\,m^2} = \left(\frac{525}{0{,}00015}\right)\frac{N}{m^2} = 3\,500\,000\,Pa$$

Ergebnis: Der auf den Fußboden ausgeübte Druck beträgt 3,5 MPa.

2. Aufgabe

Gegeben: Druck: $p = 3\,500\,000\,Pa$
Gewichtskraft: $F = 42\,000\,N$

Gesucht: Größe der Sohlenfläche: A

Lösungsplan: Die gesuchte Sohlenfläche ergibt sich aus der Definitionsgleichung des Druckes $p = \frac{F}{A}$. Die Einheiten lassen sich kürzen, wenn man $1\,Pa = 1\,\frac{N}{m^2}$ setzt.

Lösung

$$p = \frac{F}{A} \Rightarrow A = \frac{F}{p} = \frac{42\,000\,N}{3\,500\,000\,Pa} = \left(\frac{42\,000}{3\,500\,000}\right)\frac{N}{\frac{N}{m^2}} = 0{,}012\,\frac{N \cdot m^2}{N} = 0{,}012\,m^2$$

Ergebnis: Die Sohlenfläche des Elefanten müsste $1{,}2\,dm^2$ groß sein. Da sie in Wirklichkeit erheblich größer ist, strapaziert ein schwergewichtiger Elefant den Fußboden noch weit weniger.

3. Aufgabe

▶ Seite 50

Gegeben: Kraft: $F = 720\,\text{N}$

Druck: $p = 4{,}5\,\text{bar} = 450\,000\,\text{Pa}$

Gesucht: Quadratseite: s

Lösungsplan: Die gesuchte Länge s der Quadratseite ergibt sich aus der Definitionsgleichung $p = \frac{F}{A}$ des Druckes, wenn man $A = s^2$ setzt. Der Druck wird zweckmäßigerweise in der Einheit Pascal eingesetzt (1 bar = 100 000 Pa). Zur Zusammenfassung der Einheiten muss man die Beziehung $1\,\text{Pa} = 1\,\frac{\text{N}}{\text{m}^2}$ verwenden.

Lösung

$$p = \frac{F}{A} \xRightarrow{A = s^2} p = \frac{F}{s^2} \Rightarrow s^2 = \frac{F}{p}$$

$$s^2 = \frac{720\,\text{N}}{450\,000\,\text{Pa}} = \left(\frac{720}{450\,000}\right)\frac{\text{N}}{\frac{\text{N}}{\text{m}^2}} = 0{,}0016\,\frac{\text{N}\cdot\text{m}^2}{\text{N}} = 0{,}0016\,\text{m}^2$$

$$s = 0{,}04\,\text{m}$$

Ergebnis: Die quadratische Standfläche hat eine Seitenlänge von 4 cm.

4. Aufgabe

Gegeben: Maximaler Druck: $p = 375\,\text{kPa} = 375\,000\,\text{Pa}$

Dichte von Eisen: $\varrho = 7{,}8\,\frac{\text{g}}{\text{cm}^3} = 7800\,\frac{\text{kg}}{\text{m}^2}$

Gesucht: Höhe der Säule: h

Lösungsplan: Die gesuchte Höhe ergibt sich aus der Definitionsgleichung $p = \frac{F}{A}$ des Drucks, wenn man für F die Gewichtskraft $m \cdot g$ einsetzt. Die Masse m lässt sich dann mithilfe der Definitionsgleichung $\varrho = \frac{m}{V}$ der Dichte ausdrücken, wobei das Volumen V gleich dem Produkt aus der Grundfläche A und der gesuchten Höhe h ist. Die Grundfläche A hebt sich heraus; sie spielt für das Ergebnis also keine Rolle.

Lösung

$$p = \frac{F}{A} \xRightarrow{F = m\cdot g} p = \frac{m\cdot g}{A} \xRightarrow{m = \varrho\cdot V} p = \frac{\varrho\cdot V\cdot g}{A} \xRightarrow{V = A\cdot h} p = \frac{\varrho\cdot A\cdot h\cdot g}{A}$$

$$\Rightarrow p = \varrho\cdot h\cdot g \Rightarrow h = \frac{p}{\varrho\cdot g}$$

$$h = \frac{375\,000\,\text{Pa}}{7800\,\frac{\text{kg}}{\text{m}^3}\cdot 10\,\frac{\text{N}}{\text{kg}}} = \left(\frac{375\,000}{7800\cdot 10}\right)\frac{\frac{\text{N}}{\text{m}^2}}{\frac{\text{kg}\cdot\text{N}}{\text{m}^3\cdot\text{kg}}} = 4{,}8\,\frac{\text{N}\cdot\text{m}^3\cdot\text{kg}}{\text{m}^2\cdot\text{kg}\cdot\text{N}} = 4{,}8\,\text{m}$$

Ergebnis: Die Eisensäule darf höchstens 4,8 m hoch sein.

▶ Seite 50

5. Aufgabe

Gegeben: Auflagefläche: $A = 2{,}5\,\text{m}^2$

Maximaler Bodendruck: $p = 120\,\text{kPa} = 120\,000\,\text{Pa}$

Gesucht: Masse des Baggers: m

Lösungsplan: Die gesuchte Masse m des Baggers ergibt sich aus der Definitionsgleichung des Drucks $p = \frac{F}{A}$, wenn man für F die Gewichtskraft $m \cdot g$ einsetzt. Bei der Zusammenfassung der Einheiten ist zu berücksichtigen, dass $1\,\text{Pa} = 1\,\frac{\text{N}}{\text{m}^2}$.

Lösung

$$p = \frac{F}{A} \xrightarrow{F = m \cdot g} p = \frac{m \cdot g}{A} \Rightarrow m = \frac{p \cdot A}{g}$$

$$m = \frac{120\,000\,\text{Pa} \cdot 2{,}5\text{m}^2}{10\,\frac{\text{N}}{\text{kg}}} = \left(\frac{120\,000 \cdot 2{,}5}{10}\right) \frac{\frac{\text{N}}{\text{m}^2} \cdot \text{m}^2}{\frac{\text{N}}{\text{kg}}} = 30\,000\,\text{kg}$$

Ergebnis: Der Bagger darf eine Masse von höchstens 30 t haben.

6. Aufgabe

Gegeben: Masse des Autos: $m = 1440\,\text{kg}$

Reifenfläche: $A = 4 \cdot 120\,\text{cm}^2 = 480\,\text{cm}^2 = 0{,}048\,\text{m}^2$

Gesucht: Druck: p

Lösungsplan: Der gesuchte Druck ergibt sich aus der Definitionsgleichung $p = \frac{F}{A}$, wenn man für F die Gewichtskraft $m \cdot g$ und für A das Vierfache der Auflagefläche eines Reifens einsetzt. Es ist zweckmäßig, die Fläche in der Einheit m^2 einzusetzen.

Lösung

$$p = \frac{F}{A} \xrightarrow{F = m \cdot g} p = \frac{m \cdot g}{A} = \frac{1440\,\text{kg} \cdot 10\,\frac{\text{N}}{\text{kg}}}{0{,}048\,\text{m}^2} = \left(\frac{1440 \cdot 10}{0{,}048}\right) \frac{\text{kg} \cdot \frac{\text{N}}{\text{kg}}}{\text{m}^2}$$

$$p = 300\,000\,\frac{\text{N}}{\text{m}^2} = 300\,000\,\text{Pa}$$

Ergebnis: Der auf ebener Straße bewirkte Druck beträgt 300 kPa.

7. Aufgabe

▶ Seite 50

Gegeben: Druck: $p = 360\,\text{kPa}$
Masse: $m = 1440\,\text{kg}$

Gesucht: Berührfläche zwischen Reifen und Straße: A

Lösungsplan: Die gesuchte Fläche ergibt sich aus der Definitionsgleichung $p = \frac{F}{A}$ des Druckes, wenn man für F die Gewichtskraft $m \cdot g$ einsetzt.

Lösung

$$p = \frac{F}{A} \Rightarrow A = \frac{F}{p} = \frac{1440\,\text{kg} \cdot 10\frac{\text{N}}{\text{kg}}}{360\,000\frac{\text{N}}{\text{m}^2}} = \left(\frac{1440 \cdot 10}{360\,000}\right)\frac{\frac{\text{kg} \cdot \text{N}}{\text{kg}}}{\frac{\text{N}}{\text{m}^2}} = 0{,}04\,\text{m}^2$$

Ergebnis: Die Berührfläche zwischen Reifen und Straße beträgt pro Rad $100\,\text{cm}^2$.

8. Aufgabe

▶ Seite 52

Gegeben: Druck: $p = 3{,}6\,\text{bar} = 360\,000\,\text{Pa}$
Querschnittsfläche des Kolbens: $A = 15\,\text{cm}^2 = 0{,}0015\,\text{m}^2$

Gesucht: Kraft: F

Lösungsplan: Die gesuchte Kraft ergibt sich aus der Definitionsgleichung $p = \frac{F}{A}$ des Druckes. Es empfiehlt sich, die Querschnittsfläche in der Einheit $1\,\text{m}^2$ und den Druck in der Einheit $1\,\text{Pa} = 1\,\frac{\text{N}}{\text{m}^2}$ einzusetzen (1 bar = 100 000 Pa).

Lösung

$$p = \frac{F}{A} \Rightarrow F = p \cdot A = 360\,000\frac{\text{N}}{\text{m}^2} \cdot 0{,}00015\,\text{m}^2 = (360\,000 \cdot 0{,}00015)\frac{\text{N} \cdot \text{m}^2}{\text{m}^2} = 540\,\text{N}$$

Ergebnis: Die erforderliche Kraft beträgt 540 N.

9. Aufgabe

Gegeben: Querschnittsfläche des Kolbens: $A_K = 2\,\text{cm}^2$
Kraft auf den Kolben: $F_K = 24\,\text{N}$
Flächeninhalt der Gefäßwand: $A_W = 3\,\text{dm}^2 = 300\,\text{cm}^3$

Gesucht: Kraft auf die Gefäßwand: F_W

Lösungsplan: Wegen der allseitigen gleichmäßigen Druckausbreitung in Flüssigkeiten ist der Druck am Kolben gleich dem Druck auf die Wand des Glasgefäßes. Die Kraft auf die Gefäßwand ergibt sich dann aus der Definitionsgleichung $p = \frac{F}{A}$ des Druckes.

▶ Seite 52

Lösung

$$\frac{F_K}{A_K} = \frac{F_W}{A_W} \Rightarrow F_W = \frac{F_K \cdot A_W}{A_K} = \frac{24\,\text{N} \cdot 300\,\text{cm}^2}{2\,\text{cm}^2} = \left(\frac{24 \cdot 300}{2}\right)\frac{\text{N} \cdot \text{cm}^2}{\text{cm}^2} = 3600\,\text{N}$$

Ergebnis: Das Gefäß muss eine Kraft von 3,6 kN aushalten.

10. Aufgabe

Gegeben: Querschnittsfläche der Ausflussöffnung: $A = 2{,}5\,\text{cm}^2 = 0{,}00025\,\text{m}^2$
Wasserdruck: $p = 4{,}5\,\text{bar} = 450\,000\,\text{Pa}$

Gesucht: Kraft: F

Lösungsplan: Die gesuchte Kraft ergibt sich aus der Definitionsgleichung $p = \frac{F}{A}$ des Druckes. Es empfiehlt sich, die Querschnittsfläche in der Einheit $1\,\text{m}^2$ und den Druck in der Einheit $1\,\text{Pa} = 1\,\frac{\text{N}}{\text{m}^2}$ einzusetzen (1 bar = 100 000 Pa).

Lösung

$$p = \frac{F}{A} \Rightarrow F = p \cdot A = 450\,000\,\frac{\text{N}}{\text{m}^2} \cdot 0{,}00025\,\text{m}^2 = (450\,000 \cdot 0{,}00025)\frac{\text{N} \cdot \text{m}^2}{\text{m}^2} = 112{,}5\,\text{N}$$

Ergebnis: Die zum Absperren erforderliche Kraft beträgt 112,5 N.
Das entspricht der Gewichtskraft einer Masse von 11,25 kg!

11. Aufgabe

Gegeben: Querschnittsfläche des Kolbens: $A_K = 1{,}5\,\text{cm}^2 = 150\,\text{mm}^2$
Querschnittsfläche der Ausspritzdüse: $A_D = 3\,\text{mm}^2$
Kraft an der Ausspritzdüse: $F_D = 10\,\text{N}$

Gesucht: Auf den Kolben auszuübende Kraft: F_K

Lösungsplan: Die gesuchte Kraft ergibt sich aus der Gleichheit des Druckes am Kolben und an der Ausspritzdüse.

Lösung

$$p_K = p_D \Rightarrow \frac{F_K}{A_K} = \frac{F_D}{A_D} \Rightarrow F_K = \frac{F_D \cdot A_K}{A_D} = \frac{10\,\text{N} \cdot 150\,\text{mm}^2}{3\,\text{mm}^2} = \left(\frac{10 \cdot 150}{3}\right)\frac{\text{N} \cdot \text{mm}^2}{\text{mm}^2} = 500\,\text{N}$$

Ergebnis: Auf den Kolben der Wasserpistole müsste eine Kraft von 500 N ausgeübt werden, was natürlich praktisch unmöglich ist.

12. Aufgabe

▶ Seite 54

Gegeben: Querschnittsfläche des Pumpkolbens: $A_1 = 50\,\text{cm}^2$
Maximale Kraft am Pumpkolben: $F_1 = 800\,\text{N}$
Masse des zu hebenden Autos: $m = 1{,}2\,\text{t} = 1200\,\text{kg}$

Gesucht: Querschnittsfläche des Presskolbens: A_2

Lösungsplan: Die gesuchte Querschnittsfläche ergibt sich aus der Gleichheit des Drucks am Pumpkolben und am Presskolben.

Lösung

$$\frac{F_1}{A_1} = \frac{F_2}{A_2} \xrightarrow{F = m \cdot g} \frac{F_1}{A_1} = \frac{m \cdot g}{A_2} \Rightarrow A_2 = \frac{m \cdot g \cdot A_1}{F_1}$$

$$A_2 = \frac{1200\,\text{kg} \cdot 10\frac{\text{N}}{\text{kg}} \cdot 50\,\text{cm}^2}{800\,\text{N}} = \left(\frac{1200 \cdot 10 \cdot 50}{800}\right)\frac{\text{kg} \cdot \text{N} \cdot \text{cm}^2}{\text{N} \cdot \text{kg}} = 750\,\text{cm}^2$$

Ergebnis: Der Presskolben muss eine Querschnittsfläche von $750\,\text{cm}^2$ haben.

13. Aufgabe

Gegeben: Querschnittsfläche des Pumpkolbens: $A_1 = 15\,\text{cm}^2$
Querschnittsfläche des Presskolbens: $A_2 = 240\,\text{cm}^2$
Kraft am Presskolben: $F_2 = 320\,\text{N}$

Gesucht: Kraft am Pumpkolben: F_1

Lösungsplan: Die gesuchte Kraft ergibt sich aus der Gleichheit des Druckes am Pumpkolben und am Presskolben.

Lösung

$$\frac{F_1}{A_1} = \frac{F_2}{A_2} \Rightarrow F_1 = \frac{F_2 \cdot A_1}{A_2} = \frac{320\,\text{N} \cdot 15\,\text{cm}^2}{240\,\text{cm}^2} = \left(\frac{320 \cdot 15}{240}\right)\frac{\text{N} \cdot \text{cm}^2}{\text{cm}^2} = 20\,\text{N}$$

Ergebnis: Der Pumpkolben muss mit einer Kraft von $20\,\text{N}$ nach unten gedrückt werden.

▶ Seite 54

14. Aufgabe

Gegeben: Querschnittsfläche des Pumpkolbens: $A_1 = 15\,cm^2$
Wegstrecke des Pumpkolbens: $s_1 = 60\,cm$
Querschnittsfläche des Presskolbens: $A_2 = 240\,cm^2$

Gesucht: Wegstrecke des Presskolbens: s_2

Lösungsplan: Das auf der Seite des Pumpkolbens verdrängte Flüssigkeitsvolumen ist gleich dem am Presskolben hinzugekommenen Flüssigkeitsvolumen. Für beide Volumina gilt die Beziehung: Volumen = Querschnittsfläche · Höhe, wobei die Höhe gleich der vom jeweiligen Kolben zurückgelegten Wegstrecke ist.

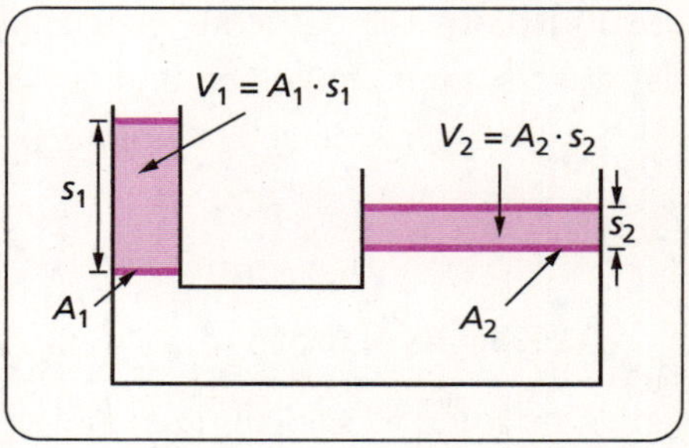

Lösung

$V_1 = V_2$

$A_1 \cdot s_1 = A_2 \cdot s_2$

$$s_2 = \frac{A_1 \cdot s_1}{A_2}$$

$$s_2 = \frac{15\,cm^2 \cdot 60\,cm}{240\,cm^2} = \left(\frac{15 \cdot 60}{240}\right)\frac{cm^2 \cdot cm}{cm^2} = 3{,}75\,cm$$

Ergebnis: Der Presskolben bewegt sich um 3,75 cm nach oben. Das Produkt aus Kraft und Weg beträgt am Pumpkolben $20\,N \cdot 0{,}6\,m = 12\,N \cdot m$ und am Presskolben $320\,N \cdot 0{,}0375\,m = 12\,N \cdot m$. Daraus folgt, dass die am Pumpkolben verrichtete Arbeit gleich der am Presskolben verrichteten Arbeit ist.

15. Aufgabe

Gegeben: Querschnittsfläche des Pumpkolbens: $A_1 = 6\,cm^2$
Kraft am Presskolben = 150 · Kraft am Pumpkolben: $F_2 = 150 \cdot F_1$

Gesucht: Querschnittsfläche des Presskolbens: A_2

Lösungsplan: Die gesuchte Querschnittsfläche ergibt sich aus der Gleichheit des Druckes am Pumpkolben und am Presskolben. Die nicht gegebene Kraft am Pumpkolben hebt sich im Laufe der Rechnung heraus.

Lösung

$$\frac{F_1}{A_1} = \frac{F_2}{A_2} \Rightarrow A_2 = \frac{F_2 \cdot A_1}{F_1} = \frac{150 \cdot F_1 \cdot 6\,cm^2}{F_1} = 900\,cm^2$$

Ergebnis: Die Querschnittsfläche des Presskolbens muss $900\,cm^2$ betragen.

16. Aufgabe

▶ Seite 54

Gegeben: Kraft am Hebelende: $F = 300\,\text{N}$
Querschnittsfläche des Pumpkolbens: $A_1 = 5\,\text{cm}^2$
Querschnittsfläche des Presskolbens: $A_2 = 120\,\text{cm}^2$
Sonstige Maße: siehe Abbildung auf Seite 54

Gesucht: Kraft am Presskolben: F_2

Lösungsplan: Die auf den Pumpkolben wirkende Kraft F_1 lässt sich mithilfe des Hebelgesetzes bestimmen. Die gesuchte Kraft F_2 am Presskolben ergibt sich dann aus der Gleichheit des Druckes an Pump- und Presskolben.

Lösung

1. Berechnung der Kraft am Pumpkolben:

$$F \cdot 102\,\text{cm} = F_1 \cdot 12\,\text{cm} \Rightarrow F_1 = \frac{F \cdot 102\,\text{cm}}{12\,\text{cm}} = 8{,}5 \cdot F$$

2. Berechnung der Kraft am Presskolben:

$$\frac{8{,}5 \cdot F}{A_1} = \frac{F_2}{A_2} \Rightarrow F_2 = \frac{8{,}5 \cdot F \cdot A_2}{A_1}$$

$$F_2 = \frac{8{,}5 \cdot 300\,\text{N} \cdot 120\,\text{cm}^2}{5\,\text{cm}^2} = \left(\frac{8{,}5 \cdot 300 \cdot 120}{5}\right)\frac{\text{N} \cdot \text{cm}^2}{\text{cm}^2} = 61\,200\,\text{N}$$

Ergebnis: Am Presskolben wird eine Kraft von 61,2 kN wirksam.

17. Aufgabe

Gegeben: Die auf den kleineren Kolben wirkende Kraft: $F_1 = 200\,\text{N}$
Länge des vom kleineren Kolben zurückgelegten Weges: $s_1 = 50\,\text{cm}$
Länge des vom größeren Kolbens zurückgelegten Weges: $s_2 = 2\,\text{cm}$

Gesucht: Die auf den größeren Kolben wirkende Kraft: F_2

Lösungsplan: Die gesuchte Kraft ergibt sich aus der „Goldenen Regel der Mechanik". Sie besagt für diesen Fall, dass die am kleineren Kolben verrichtete Arbeit W_1 genau so groß ist wie die vom größeren Kolben verrichtete Arbeit W_2. Beide Arbeiten lassen sich aus der Definitionsgleichung $W = F \cdot s$ der Arbeit ermitteln.

Lösung

$$W_1 = W_2$$
$$W_1 = F_1 \cdot s_1$$
$$W_2 = F_2 \cdot s_2$$
$$F_1 \cdot s_1 = F_2 \cdot s_2 \Rightarrow F_2 = \frac{F_1 \cdot s_1}{s_2} = \frac{200\,\text{N} \cdot 50\,\text{cm}}{2\,\text{cm}} = \left(\frac{200 \cdot 50}{2}\right)\frac{\text{N} \cdot \text{cm}}{\text{cm}} = 5000\,\text{N}$$

Ergebnis: Die am größeren Kolben wirkende Kraft beträgt 5 kN.

▶ Seite 54

18. Aufgabe

Gegeben: Querschnittsfläche des Pumpkolbens: $A_1 = 16\,\text{cm}^2$
Querschnittsfläche des Presskolbens: $A_2 = 120\,\text{cm}^2$
Masse des zu hebenden Autos: $m = 540\,\text{kg}$
Genutzter Anteil der auf den Presskolben wirkenden Kraft:
$p = 100\,\% - 20\,\% = 80\,\% = \frac{80}{100}$

Gesucht: Kraft auf den Pumpkolben: F_1

Lösungsplan: Die gesuchte Kraft F_1 ergibt sich aus der Gleichheit des Druckes p_1 am Pumpkolben und des Druckes p_2 am Presskolben. Der Druck am Pumpkolben wird dabei allerdings nicht von der gesamten auf ihn wirkenden Kraft F_1 verursacht, sondern nur von 80 % dieser Kraft.

Lösung

$p_1 = p_2$

$$p_1 = \frac{0{,}8 \cdot F_1}{A_1}$$

$$p_2 = \frac{m \cdot g}{A_2}$$

$$\frac{0{,}8 \cdot F_1}{A_1} = \frac{m \cdot g}{A_2} \Rightarrow F_1 = \frac{m \cdot g \cdot A_1}{A_2 \cdot 0{,}8}$$

$$F_1 = \frac{540\,\text{kg} \cdot 10\,\frac{\text{N}}{\text{kg}} \cdot 16\,\text{cm}^2}{120\,\text{cm}^2 \cdot 0{,}8} = \left(\frac{540 \cdot 10 \cdot 16}{120 \cdot 0{,}8}\right) \frac{\text{kg} \cdot \text{N} \cdot \text{cm}^2}{\text{kg} \cdot \text{cm}^2} = 900\,\text{N}$$

Ergebnis: Der Pumpkolben muss mit einer Kraft von 900 N nach unten bewegt werden.

▶ Seite 56

19. Aufgabe

Gegeben: Maximal erträglicher Druck: $p = 180\,000\,\text{Pa} = 180\,000\,\frac{\text{N}}{\text{m}^2}$
Dichte des Meerwassers: $\varrho = 1{,}02\,\frac{\text{g}}{\text{cm}^3} = 1020\,\frac{\text{kg}}{\text{m}^3}$
Ortsfaktor: $g = 9{,}81\,\frac{\text{N}}{\text{kg}}$

Gesucht: Maximale Tauchtiefe: h

Lösungsplan: Die gesuchte maximale Tauchtiefe ergibt sich aus der für den Schweredruck in Flüssigkeiten geltenden Beziehung $p = h \cdot \varrho \cdot g$.

Lösung

$$p = h \cdot \varrho \cdot g \Rightarrow h = \frac{p}{\varrho \cdot g}$$

$$h = \frac{180\,000\,\frac{\text{N}}{\text{m}^2}}{1020\,\frac{\text{kg}}{\text{m}^3} \cdot 9{,}81\,\frac{\text{N}}{\text{kg}}} = \left(\frac{180\,000}{1020 \cdot 9{,}81}\right) \frac{\text{N} \cdot \text{m}^3 \cdot \text{kg}}{\text{m}^2 \cdot \text{kg} \cdot \text{N}} = 17{,}99\,\text{m}$$

Ergebnis: Der ungeübte Gelegenheitstaucher sollte im Meerwasser nicht tiefer als 18 m tauchen.

20. Aufgabe ▶ Seite 56

Gegeben: Tauchtiefe: $h = 88\,\text{m}$
Dichte des Meerwassers: $\varrho = 1{,}02\,\frac{\text{g}}{\text{cm}^3} = 1020\,\frac{\text{kg}}{\text{m}^3}$
Ortsfaktor: $g = 9{,}81\,\frac{\text{N}}{\text{kg}}$
Gesucht: Schweredruck: p

Lösungsplan: Wie in Aufgabe 19.

Lösung

$$p = h \cdot \varrho \cdot g = 88\,\text{m} \cdot 1020\,\frac{\text{kg}}{\text{m}^3} \cdot 9{,}81\,\frac{\text{N}}{\text{kg}} = (88 \cdot 1020 \cdot 9{,}81)\,\frac{\text{m} \cdot \text{kg} \cdot \text{N}}{\text{m}^3 \cdot \text{kg}} = 880\,546\,\frac{\text{N}}{\text{m}^2}$$

Ergebnis: Der Taucher muss einen Wasserdruck von rund 881 000 Pa = 8,81 bar aushalten.

21. Aufgabe

Gegeben: Oberflächeninhalt des Deckels: $A = 0{,}25\,\text{m}^2$
Tiefe: $h = 23\,\text{m}$
Dichte des Meerwassers: $\varrho = 1{,}02\,\frac{\text{g}}{\text{cm}^3} = 1020\,\frac{\text{kg}}{\text{m}^3}$
Ortsfaktor: $g = 9{,}81\,\frac{\text{N}}{\text{kg}}$
Gesucht: Auf den Deckel wirkende Kraft: F

Lösungsplan: Die gesuchte Kraft ergibt sich, wenn man die Definitionsgleichung $p = \frac{F}{A}$ des Druckes nach F auflöst und für p den Schweredruck ($p = h \cdot \varrho \cdot g$) einsetzt.

Lösung

$$F = p \cdot A = h \cdot \varrho \cdot g \cdot A = 23\,\text{m} \cdot 1020\,\frac{\text{kg}}{\text{m}^3} \cdot 9{,}81\,\frac{\text{N}}{\text{kg}} \cdot 0{,}25\,\text{m}^2$$

$$F = (23 \cdot 1020 \cdot 9{,}81 \cdot 0{,}25)\,\frac{\text{m} \cdot \text{kg} \cdot \text{N} \cdot \text{m}^2}{\text{m}^3 \cdot \text{kg}} = 57\,535{,}65\,\text{N}$$

Ergebnis: Die auf den Deckel des Notausstiegs wirkende Kraft beträgt 58 kN. Das entspricht der Gewichtskraft eines Körpers, dessen Masse 5800 kg = 5,8 t beträgt.

▶ Seite 56

22. Aufgabe

Gegeben: Meerestiefe: $h = 7600\,\text{m}$
Flächeninhalt: $A = 1\,\text{cm}^2 = 0{,}0001\,\text{m}^2$
Dichte des Meerwassers: $\varrho = 1{,}02\,\frac{\text{g}}{\text{cm}^3} = 1020\,\frac{\text{kg}}{\text{m}^3}$
Ortsfaktor: $g = 9{,}81\,\frac{\text{N}}{\text{kg}}$

Gesucht: Kraft, die auf $1\,\text{cm}^2$ Körperoberfläche wirkt: F

Lösungsplan: Siehe Aufgabe 21.

Lösung

$$F = p \cdot A = h \cdot \varrho \cdot g \cdot A = 7600\,\text{m} \cdot 1020\,\frac{\text{kg}}{\text{m}^3} \cdot 9{,}81\,\frac{\text{N}}{\text{kg}} \cdot 0{,}0001\,\text{m}^2$$

$$F = (7600 \cdot 1020 \cdot 9{,}81 \cdot 0{,}0001)\,\frac{\text{m} \cdot \text{kg} \cdot \text{N} \cdot \text{m}^2}{\text{m}^3 \cdot \text{kg}} = 7605\,\text{N}$$

Ergebnis: Auf jeden einzelnen Quadratzentimeter der Körperoberfläche des Tiefseefisches wirkt eine Kraft von rund 7,6 kN. Das entspricht der Gewichtskraft eines Körpers von 760 kg Masse.

23. Aufgabe

Gegeben: Tauchtiefe: $h = 10\,893\,\text{m}$
Kraft: $500\,000\,000\,\text{N}$
Dichte des Meerwassers: $\varrho = 1{,}02\,\frac{\text{g}}{\text{cm}^3} = 1020\,\frac{\text{kg}}{\text{m}^3}$
Ortsfaktor: $g = 9{,}81\,\frac{\text{N}}{\text{kg}}$

Gesucht: Oberflächeninhalt: A

Lösungsplan: Der gesuchte Oberflächeninhalt ergibt sich, wenn man die Definitionsgleichung $p = \frac{F}{A}$ des Druckes nach A auflöst und für p den Schweredruck ($p = h \cdot \varrho \cdot g$) einsetzt.

Lösung

$$p = \frac{F}{A} \Rightarrow A = \frac{F}{p} \xrightarrow{p = h \cdot \varrho \cdot g} A = \frac{F}{h \cdot \varrho \cdot g}$$

$$A = \frac{500\,000\,000\,\text{N}}{10\,893\,\text{m} \cdot 1020\,\frac{\text{kg}}{\text{m}^3} \cdot 9{,}81\,\frac{\text{N}}{\text{kg}}} = \left(\frac{500\,000\,000}{10\,893 \cdot 1020 \cdot 9{,}81}\right)\frac{\text{N} \cdot \text{m}^3 \cdot \text{kg}}{\text{m} \cdot \text{kg} \cdot \text{N}}$$

$$A = 4{,}59\,\text{m}^2$$

Ergebnis: Das Tauchgerät hat eine Oberfläche von rund $4{,}6\,\text{m}^2$.

24. Aufgabe

▶ Seite 56

Gegeben: Querschnittsfläche des Brunnenrohres: $A = 1{,}5\,\text{cm}^2 = 0{,}00015\,\text{m}^2$
Höhe des Wasserspiegels im Wasserturm über NN: $h_W = 583\,\text{m}$
Höhe des Brunnenrohres über NN: $h_B = 498\,\text{m}$
Dichte des Wassers: $\varrho = 1\,\frac{\text{g}}{\text{cm}^3} = 1000\,\frac{\text{kg}}{\text{m}^3}$
Ortsfaktor: $g = 9{,}81\,\frac{\text{N}}{\text{kg}}$

Gesucht: Kraft: F

Lösungsplan: Die gesuchte Kraft ergibt sich, wenn man in die Definitionsgleichung $p = \frac{F}{A}$ des Druckes nach F auflöst und für p den Schweredruck ($p = h \cdot \varrho \cdot g$) einsetzt. Die für den Schweredruck maßgebende Höhe h ist dabei gleich dem Höhenunterschied zwischen Wasserturm und Brunnen.

Lösung

$$p = \frac{F}{A} \Rightarrow F = p \cdot A \xrightarrow{p = h \cdot \varrho \cdot g} F = h \cdot \varrho \cdot g \cdot A \xrightarrow{h = h_W - h_B} F = (h_W - h_B) \cdot \varrho \cdot g \cdot A$$

$$F = (583\,\text{m} - 498\,\text{m}) \cdot 1000\,\frac{\text{kg}}{\text{m}^3} \cdot 9{,}81\,\frac{\text{N}}{\text{kg}} \cdot 0{,}00015\,\text{m}^2$$

$$F = (85 \cdot 1000 \cdot 9{,}81 \cdot 0{,}00015)\,\frac{\text{m} \cdot \text{kg} \cdot \text{N} \cdot \text{m}^2}{\text{m}^3 \cdot \text{kg}} = 125{,}1\,\text{N}$$

Ergebnis: Auf die Öffnung des Brunnenrohres wirkt eine Kraft von 125,1 N. Eine so große Kraft müsste man also beispielsweise ausüben, wenn man die Rohröffnung mit dem Daumen verschließen wollte.

25. Aufgabe

Gegeben: Innenhöhe des Fasses: $h_F = 1{,}25\,\text{m}$
Höhe des Mittelpunktes des Zapflochs über dem Fassboden:
$h_Z = 3\,\text{cm} = 0{,}03\,\text{m}$
Fläche des Zapflochs: $A = 7\,\text{cm}^2 = 0{,}0007\,\text{m}^2$
Dichte des Bieres: $\varrho = 0{,}96\,\frac{\text{g}}{\text{cm}^3} = 960\,\frac{\text{kg}}{\text{m}^3}$
Ortsfaktor: $g = 9{,}81\,\frac{\text{N}}{\text{kg}}$

Gesucht: Kraft auf den Bierhahn: F

Lösungsplan: Die gesuchte Kraft ergibt sich, wenn man die Definitionsgleichung $p = \frac{F}{A}$ des Druckes nach F auflöst und für p den Schweredruck ($p = h \cdot \varrho \cdot g$) einsetzt. Der am Zapfloch herrschende Schweredruck ist allerdings nicht konstant. Er ist vielmehr am oberen Rande des Zapfloches kleiner als am unteren. Für die weitere Rechnung maßgebend ist der in Höhe des Zapflochmittelpunktes herrschende Druck. Die für ihn wirksame Höhe h ist gleich der Differenz aus der Innenhöhe h_F des Fasses und der Höhe h_Z des Zapflochmittelpunktes.

▶ Seite 56

Lösung

$p = \frac{F}{A} \Rightarrow F = p \cdot A \xrightarrow{p = h \cdot \varrho \cdot g} F = h \cdot \varrho \cdot g \cdot A \xrightarrow{h = h_F - h_Z} F = (h_F - h_Z) \cdot \varrho \cdot g \cdot A$

$F = (1{,}25\,\text{m} - 0{,}03\,\text{m}) \cdot 960 \frac{\text{kg}}{\text{m}^3} \cdot 9{,}81 \frac{\text{N}}{\text{kg}} \cdot 0{,}0007\,\text{m}^2$

$F = (1{,}22 \cdot 960 \cdot 9{,}81 \cdot 0{,}0007) \frac{\text{m} \cdot \text{kg} \cdot \text{N} \cdot \text{m}^2}{\text{m}^3 \cdot \text{kg}} = 8{,}0\,\text{N}$

Ergebnis: Der Bierhahn muss eine Kraft von rund 8,0 N aushalten.

26. Aufgabe

Gegeben: Flächeninhalt des Bodens: $A_B = 48\,\text{cm}^2 = 0{,}0048\,\text{m}^2$
Flächeninhalt des Deckels: $A_D = 24\,\text{cm}^2 = 0{,}0024\,\text{m}^2$
Höhe des Flüssigkeitsspiegels über dem Boden:
$h_B = 2{,}56\,\text{m} + 0{,}4\,\text{m} = 2{,}96\,\text{m}$
Höhe des Flüssigkeitsspiegels über dem Deckel:
$h_D = 2{,}56\,\text{m} + 0{,}4\,\text{m} - 0{,}75\,\text{m} = 2{,}21\,\text{m}$
Dichte des Öls: $\varrho_{Öl} = 0{,}91 \frac{\text{g}}{\text{cm}^3} = 910 \frac{\text{kg}}{\text{m}^3}$
Ortsfaktor: $g = 9{,}81 \frac{\text{N}}{\text{kg}}$

Gesucht: Kraft auf den Boden: F_B
Kraft auf den Deckel: F_D

Lösungsplan: Die gesuchten Kräfte ergeben sich, wenn man die Definitionsgleichung $p = \frac{F}{A}$ des Druckes nach der Kraft F auflöst und für p den Schweredruck ($p = h \cdot \varrho \cdot g$) einsetzt. Dabei ist h_B die für den Schweredruck am Boden maßgebende Höhe und h_D die für den Schweredruck am Deckel maßgebende Höhe.

Lösung

$p = \frac{F}{A} \Rightarrow F = p \cdot A \xrightarrow{p = h \cdot \varrho \cdot g} F = h \cdot \varrho \cdot g \cdot A$

$F_B = 2{,}96\,\text{m} \cdot 910 \frac{\text{kg}}{\text{m}^3} \cdot 9{,}81 \frac{\text{N}}{\text{kg}} \cdot 0{,}0048\,\text{m}^2 = (2{,}96 \cdot 910 \cdot 9{,}81 \cdot 0{,}0048) \frac{\text{m} \cdot \text{kg} \cdot \text{N} \cdot \text{m}^2}{\text{m}^3 \cdot \text{kg}}$

$F_B = 126{,}8\,\text{N}$

$F_D = (2{,}21 \cdot 910 \cdot 9{,}81 \cdot 0{,}0024) \frac{\text{m} \cdot \text{kg} \cdot \text{N} \cdot \text{m}^2}{\text{m}^3 \cdot \text{kg}} = 47{,}3\,\text{N}$

Ergebnis: Auf den Boden wirkt eine nach unten gerichtete Kraft von 126,8 N, auf den Deckel wirkt eine nach oben gerichtete Kraft von 47,3 N. Deckel und Boden werden also mit einer Kraft von 174,1 N auseinandergedrückt.

I Auftrieb in Flüssigkeiten

▶ Seite 58

1. Aufgabe

Gegeben: Gewichtskraft in Luft: $F_L = 36\,N$
Gewichtskraft in Alkohol: $F_{Alk} = 26\,N$
Dichte von Alkohol: $\varrho_{Alk} = 0{,}79\,\frac{g}{cm^3} = 0{,}79\,\frac{kg}{dm^3}$
Ortsfaktor: $g = 9{,}81\,\frac{N}{kg}$

Gesucht: Volumen der Figur: V

Lösungsplan: Die Auftriebskraft, die die Steinfigur in der Flüssigkeit erfährt, ist gleich der Differenz aus ihrer Gewichtskraft in Luft und ihrer Gewichtskraft in der Flüssigkeit. Das gesuchte Volumen lässt sich dann mithilfe des Archimedischen Gesetzes $F_A = V \cdot \varrho_{Fl} \cdot g$ berechnen.

Lösung

$F_A = V \cdot \varrho_{Fl} \cdot g$

$\varrho_{Fl} = \varrho_{Alk}$

$F_A = F_L - F_{Alk}$

$F_L - F_{Alk} = V \cdot \varrho_{Alk} \cdot g$

$$V = \frac{F_L - F_{Alk}}{\varrho_{Alk} \cdot g} = \frac{36\,N - 26\,N}{0{,}79\,\frac{kg}{dm^3} \cdot 9{,}81\,\frac{N}{kg}} = \left(\frac{38 - 26}{0{,}79 \cdot 9{,}81}\right)\frac{N}{\frac{kg}{dm^3} \cdot \frac{N}{kg}} = 1{,}29\,\frac{N \cdot kg \cdot dm^3}{kg \cdot N} = 1{,}29\,dm^3$$

Ergebnis: Die Steinfigur hat ein Volumen von $1{,}29\,dm^3$.

2. Aufgabe

Gegeben: Volumen des Quaders: $V = 0{,}5\,dm \cdot 0{,}4\,dm \cdot 0{,}6\,dm = 0{,}12\,dm^3$
Dichte von Blei: $\varrho_{Bl} = 11{,}35\,\frac{kg}{dm^3}$
Dichte von Glycerin: $\varrho_{Gl} = 1{,}26\,\frac{kg}{dm^3}$
Ortsfaktor: $g = 9{,}81\,\frac{N}{kg}$

Gesucht: Gewichtskraft des Quaders in Glycerin: F_{Gl}

Lösungsplan: Die gesuchte Kraftmesseranzeige gibt die Gewichtskraft des Bleiquaders in Glyzerin an. Sie ergibt sich, wenn man von der Gewichtskraft des Bleiquaders in Luft die Auftriebskraft in Glyzerin abzieht. Die Auftriebskraft F_A des Bleiquaders in Glycerin ist gleich der Differenz aus seiner Gewichtskraft F_L in Luft und der gesuchten Gewichtskraft F_{Gl} in Glycerin. Sie ergibt sich aus dem Archimedischen Gesetz $F_A = V \cdot \varrho_{Fl} \cdot g$. Die Gewichtskraft in Luft erhält man, wenn man die Masse des Bleiquaders, die sich aus seinem Volumen und seiner Dichte ergibt, mit dem Ortsfaktor g multipliziert.

▶ Seite 58

Lösung

$$F_A = F_L - F_{Gl} \xrightarrow{F_A = V \cdot \varrho_{Gl} \cdot g} V \cdot \varrho_{Gl} \cdot g = F_L - F_{Gl} \xrightarrow{F_L = m_{Bl} \cdot g} V \cdot \varrho_{Gl} \cdot g = m_{Bl} \cdot g - F_{Gl}$$

$$\xrightarrow{m_{Bl} = \varrho_{Bl} \cdot V} V \cdot \varrho_{Bl} \cdot g = \varrho_{Bl} \cdot V \cdot g - F_{Gl} \Rightarrow F_{Gl} = V \cdot g \cdot (\varrho_{Bl} - \varrho_{Gl})$$

$$F_{Gl} = 0{,}12\,\mathrm{dm}^3 \cdot 9{,}81\,\frac{\mathrm{N}}{\mathrm{kg}} \cdot \left(11{,}35\,\frac{\mathrm{kg}}{\mathrm{dm}^3} - 1{,}26\,\frac{\mathrm{kg}}{\mathrm{dm}^3}\right)$$

$$F_{Gl} = [0{,}12 \cdot 9{,}81 \cdot (11{,}35 - 1{,}26)]\,\frac{\mathrm{dm}^3 \cdot \mathrm{N} \cdot \mathrm{kg}}{\mathrm{kg} \cdot \mathrm{dm}^3} = 11{,}88\,\mathrm{N}$$

Ergebnis: Der Kraftmesser zeigt eine Kraft von 11,88 N an.

▶ Seite 59

3. Aufgabe

Gegeben: Masse des Balls: $m = 450\,\mathrm{g} = 0{,}450\,\mathrm{kg}$
Volumen des Balls: $V = 5{,}6\,\mathrm{dm}^3$
Dichte des Wassers: $\varrho_W = 1{,}00\,\frac{\mathrm{kg}}{\mathrm{dm}^3}$
Ortsfaktor: $g = 9{,}81\,\frac{\mathrm{N}}{\mathrm{kg}}$

Gesucht: Kraft, mit der der Ball unter Wasser gehalten werden muss: F_X

Lösungsplan: Um den Ball am Aufsteigen zu hindern, muss die gesuchte Kraft F_X zusammen mit der Gewichtskraft F_G des Balles genau so groß sein wie die Auftriebskraft F_A, die der Ball im Wasser erfährt. Die Auftriebskraft ergibt sich aus dem Archimedischen Gesetz, die Gewichtskraft des Balles ist gleich dem Produkt aus seiner Masse und dem Ortsfaktor g.

Lösung

$$F_X + F_G = F_A \xrightarrow{F_A = V \cdot \varrho_W \cdot g} F_X + F_G = V \cdot \varrho_W \cdot g \xrightarrow{F_G = m \cdot g} F_X + m \cdot g = V \cdot \varrho_W \cdot g$$

$$\Rightarrow F_X = V \cdot \varrho_W \cdot g - m \cdot g = g \cdot (V \cdot \varrho_W - m)$$

$$F_X = 9{,}81\,\frac{\mathrm{N}}{\mathrm{kg}} \cdot \left(5{,}6\,\mathrm{dm}^3 \cdot 1{,}00\,\frac{\mathrm{kg}}{\mathrm{dm}^3} - 0{,}450\,\mathrm{kg}\right)$$

$$F_X = [9{,}81 \cdot (5{,}6 - 0{,}45)]\,\frac{\mathrm{N} \cdot \mathrm{kg}}{\mathrm{kg}} = 50{,}5215\,\mathrm{N}$$

Ergebnis: Um den Ball unter Wasser zu halten, ist eine Kraft von rund 50,5 N erforderlich. Das entspricht der Gewichtskraft eines Körpers von etwa 5 kg Masse.

4. Aufgabe

▶ Seite 59

Gegeben: Anzeige der Waage: $Z = 6{,}528\,\text{N}$
Masse des Eisenkörpers: $m_E = 300\,\text{g} = 0{,}3\,\text{kg}$
Dichte von Olivenöl: $\varrho_{Öl} = 0{,}91\,\frac{\text{kg}}{\text{dm}^3}$
Dichte von Eisen: $\varrho_E = 7{,}81\,\frac{\text{kg}}{\text{dm}^3}$
Ortsfaktor: $g = 9{,}81\,\frac{\text{N}}{\text{kg}}$

Gesucht: Änderung der Anzeige: ΔZ

Lösungsplan: Wenn ein auf einer Waage stehender Mensch auf einen über ihm hängenden Körper eine senkrecht nach oben gerichtete Kraft mit dem Betrag F ausübt, dann nimmt die Anzeige der Waage um genau denselben Betrag F zu. Ähnlich verhält es sich im vorliegenden Fall: Das Olivenöl wirkt auf den darin eingetauchten Eisenkörper die nach oben gerichtete Auftriebskraft F_A aus. Also nimmt die Anzeige der Küchenwaage um den Betrag der Auftriebskraft F_A zu, die der Eisenkörper im Olivenöl erfährt. Diese Auftriebskraft lässt sich mithilfe des Archimedischen Gesetzes bestimmen. Das dazu erforderliche Volumen des Eisenkörpers lässt sich aus der Definitionsgleichung $\varrho = \frac{m}{V}$ der Dichte bestimmen.

Lösung

$$\Delta Z = F_A = V_{Öl} \cdot \varrho_{Öl} \cdot g \xrightarrow{V_{Öl} = V_E} \Delta Z = V_E \cdot \varrho_{Öl} \cdot g \xrightarrow{V_E = \frac{m_E}{\varrho_E}}$$

$$\Delta Z = \frac{m_E}{\varrho_E} \cdot \varrho_{Öl} \cdot g = \frac{m_E \cdot \varrho_{Öl} \cdot g}{\varrho_E}$$

$$\Delta Z = \frac{0{,}3\,\text{kg} \cdot 0{,}91\,\frac{\text{kg}}{\text{dm}^3} \cdot 9{,}81\,\frac{\text{N}}{\text{kg}}}{7{,}81\,\frac{\text{kg}}{\text{dm}^3}} = \left(\frac{0{,}3 \cdot 0{,}91 \cdot 9{,}81}{7{,}81}\right) \frac{\text{kg} \cdot \frac{\text{kg}}{\text{dm}^3} \cdot \frac{\text{N}}{\text{kg}}}{\frac{\text{kg}}{\text{dm}^3}} = 0{,}343\,\text{N}$$

Ergebnis: Die Anzeige der Küchenwaage steigt um 0,343 N auf 6,871 N an.

5. Aufgabe

Da die Waage auch unter Wasser im Gleichgewicht bleibt, erfahren beide Körper die gleiche Auftriebskraft in Wasser, haben folglich das gleiche Volumen. Richtig ist Antwort c).

6. Aufgabe

Die Anzeige steigt um den Betrag der Auftriebskraft, die das Wasser auf die Eisenkugel ausübt. Diese Auftriebskraft ist allerdings kleiner als die Gewichtskraft der Eisenkugel. Richtig ist Antwort c).

► Seite 59

7. Aufgabe

Beide Kugeln haben das gleiche Volumen, erfahren also auch die gleiche Auftriebskraft. Richtig ist Antwort a).

► Seite 61

8. Aufgabe

Gegeben: Kantenlänge des Würfels: $k = 5\,\text{cm}$
Dichte von Quecksilber: $\varrho_{Qu} = 13{,}6\,\frac{g}{cm^3}$
Dichte von Eisen: $\varrho_E = 7{,}8\,\frac{g}{cm^3}$

Gesucht: Eintauchtiefe: h

Lösungsplan: Damit der Eisenwürfel auf dem Quecksilber schwimmt, muss seine Gewichtskraft F_E genau so groß sein wie die Auftriebskraft F_A, die er beim Schwimmen erfährt. Die Gewichtskraft F_E ist gleich dem Produkt aus der Masse m des Würfels und dem Ortsfaktor g, wobei sich die Masse m aus der Definitionsgleichung $\varrho = \frac{m}{V}$ der Dichte ergibt.

Die Auftriebskraft F_A ergibt sich aus dem Archimedischen Gesetz. Einzusetzen ist dabei das Volumen des verdrängten Quecksilbers, das die Form einer quadratischen Säule hat, deren Höhe gleich der gesuchten Eintauchtiefe ist.

Lösung

$$F_E = F_A \Rightarrow m_E \cdot g = V \cdot \varrho_{Qu} \cdot g \overset{:g}{\Longrightarrow} m_E = V \cdot \varrho_{Qu} \xrightarrow{m_E = \varrho_E \cdot V_E} \varrho_E \cdot V_E = V \cdot \varrho_{Qu}$$

$$\xrightarrow{V_E = k^3} \varrho_E \cdot k^3 = V \cdot \varrho_{Qu} \xrightarrow{V = k^2 \cdot h} \varrho_E \cdot k^3 = k^2 \cdot h \cdot \varrho_{Qu} \Rightarrow h = \frac{k^3 \cdot \varrho_E}{k^2 \cdot \varrho_{Qu}} = \frac{k \cdot \varrho_E}{\varrho_{Qu}}$$

$$h = \frac{5\,\text{cm} \cdot 7{,}8\,\frac{g}{cm^3}}{13{,}6\,\frac{g}{cm^3}} = \left(\frac{5 \cdot 7{,}8}{13{,}6}\right) \frac{\text{cm} \cdot \frac{g}{cm^3}}{\frac{g}{cm^3}} = 2{,}87\,\text{cm}$$

Ergebnis: Der Eisenwürfel taucht beim Schwimmen 2,9 cm tief in das Quecksilber ein.

9. Aufgabe

▶ Seite 61

Gegeben: Volumen der Holzstämme: $V_H = 12\,m^3 = 12\,000\,dm^3$
Durchschnittliche Masse einer Person: $m_P = 75\,kg$
Dichte des Holzes: $\varrho_H = 0{,}80\,\frac{kg}{dm^3}$
Dichte des Wassers: $\varrho_W = 1{,}00\,\frac{kg}{dm^3}$

Gesucht: Anzahl der Personen: n

Lösungsplan: Für den (Grenz-)Fall, dass das Floß unmittelbar unter der Wasseroberfläche schwebt, muss die Auftriebskraft F_A gleich der Gewichtskraft F_G des Floßes einschließlich der darauf befindlichen Personen sein. Die Auftriebskraft ergibt sich aus dem Archimedischen Gesetz, die Gewichtskraft aus der Masse und dem Ortsfaktor g, wobei man die Masse m_H des Floßes mithilfe der Definitionsgleichung der Dichte $\varrho = \frac{m}{V}$ ermitteln kann. Beachte aber: Im so berechneten Grenzfall bekommen die Passagiere bereits nasse Füße!

Lösung

$$F_A = F_G \Rightarrow V_W \cdot \varrho_W \cdot g = (m_H + n \cdot m_P) \cdot g \overset{:g}{\Longrightarrow} V_W \cdot \varrho_W = m_H + n \cdot m_P$$

$$\xrightarrow{m_H = \varrho_H \cdot V_H} V_W \cdot \varrho_W = \varrho_H \cdot V_H + n \cdot m_P \Rightarrow n = \frac{V_W \cdot \varrho_W - \varrho_H \cdot V_H}{m_P}$$

$$n = \frac{12\,000\,dm^3 \cdot \left(1{,}00\,\frac{kg}{dm^3} - 0{,}80\,\frac{kg}{dm^3}\right)}{75\,kg} = \left|\frac{12\,000 \cdot (1 - 0{,}8)}{75}\right| \frac{dm^3 \cdot \frac{kg}{dm^3}}{kg} = 32$$

Ergebnis: Es können 31 Personen auf dem Floß mitfahren.

10. Aufgabe

Gegeben: Dicke der Eisscholle: $d = 40\,cm = 4\,dm$
Dichte von Wasser: $\varrho_W = 1{,}00\,\frac{kg}{dm^3}$
Dichte von Eis: $\varrho_E = 0{,}90\,\frac{kg}{dm^3}$
Masse des Menschen: $m_M = 75\,kg$

Gesucht: Flächeninhalt: A

Lösungsplan: Wenn die Eisscholle den Menschen „gerade noch trägt", dann schwebt sie unmittelbar an der Wasseroberfläche. Ihr Volumen V_E ist dann genau gleich dem Volumen der von ihr verdrängten Flüssigkeit. Die Eisscholle trägt den darauf befindlichen Menschen, wenn die Auftriebskraft F_A genau so groß ist wie die Gewichtskraft F_G von Scholle und Mensch zusammen. Die Auftriebskraft ergibt sich aus dem Archimedischen Gesetz, die Gewichtskraft aus der Masse und dem Ortsfaktor g, wobei man die Masse m_E der Eisscholle mithilfe der Definitionsgleichung der Dichte $\varrho = \frac{m}{V}$ ermitteln kann.

▶ Seite 61

Lösung

$$F_G = F_A \Rightarrow (m_E + m_M)\cdot g = V_W\cdot \varrho_W\cdot g \xrightarrow{:g} m_E + m_M = V_W\cdot \varrho_W$$

$$\xrightarrow{m_E = \varrho_E\cdot V_E} V_E\cdot \varrho_E + m_M = V_W\cdot \varrho_W \xrightarrow{V_W = V_E} V_E\cdot \varrho_E + m_M = V_E\cdot \varrho_W$$

$$\Rightarrow V_E = \frac{m_M}{\varrho_W - \varrho_E} \xrightarrow{V_E = A\cdot d} A\cdot d = \frac{m_M}{\varrho_W - \varrho_E} \Rightarrow A = \frac{m_M}{d\cdot(\varrho_W - \varrho_E)}$$

$$A = \frac{75\,\text{kg}}{4\,\text{dm}\cdot\left(1{,}00\frac{\text{kg}}{\text{dm}^3} - 0{,}90\frac{\text{kg}}{\text{dm}^3}\right)} = \left(\frac{75}{4\cdot 0{,}1}\right)\frac{\text{kg}}{\text{dm}\cdot\frac{\text{kg}}{\text{dm}^2}} = 187{,}5\,\text{dm}^2$$

Ergebnis: Die Eisscholle muss eine Fläche von mindestens $1{,}875\,\text{m}^2$ haben.

11. Aufgabe

Gegeben: wie in der vorhergehenden Aufgabe
Zusätzlich gegeben ist die Eintauchtiefe:
$t = 40\,\text{cm} - 2\,\text{cm} = 38\,\text{cm} = 3{,}8\,\text{dm}$

Gesucht: wie in der vorhergehenden Aufgabe

Lösungsplan: Im Gegensatz zur vorhergehenden Aufgabe ist jetzt das Volumen des Eises größer als das Volumen des verdrängten Wassers. Das Volumen des Eises ist gleich dem Produkt aus Flächeninhalt und Dicke der Eisscholle, das Volumen des verdrängten Wassers ist gleich dem Produkt aus Flächeninhalt und Eintauchtiefe.

Lösung

$$V_E\cdot \varrho_E + m_M = V_W\cdot \varrho_W$$

$$V_E = A\cdot d$$

$$V_W = A\cdot t$$

$$A\cdot d\cdot \varrho_E + m_M = A\cdot t\cdot \varrho_W \Rightarrow A = \frac{m_M}{t\cdot \varrho_W - d\cdot \varrho_E}$$

$$A = \frac{75\,\text{kg}}{3{,}8\,\text{dm}\cdot 1{,}00\frac{\text{kg}}{\text{dm}^3} - 4\,\text{dm}\cdot 0{,}90\frac{\text{kg}}{\text{dm}^3}} = \left(\frac{75}{3{,}8\cdot 1 - 4\cdot 0{,}9}\right)\frac{\text{kg}}{\text{dm}\cdot\frac{\text{kg}}{\text{dm}^3}}$$

$$A = 375\,\text{dm}^2$$

Ergebnis: Die Eisscholle muss eine Fläche von $3{,}75\,\text{m}^2$ haben.

12. Aufgabe

Das Gewicht der vom Schiff verdrängten Wassermenge ist gleich dem Schiffsgewicht. Da das Flusswasser eine geringere Dichte hat, als das salzhaltige Meerwasser, muss das Schiff im Flusswasser ein größeres Wasservolumen verdrängen, als im Meerwasser. Es taucht also bei der Einfahrt in die Flussmündung tiefer in das Wasser ein. Richtig ist Aussage b).

13. Aufgabe

▶ Seite 63

Gegeben: Gewichtskraft in Luft: $F_L = 0{,}63\,N$
Gewichtskraft in Wasser: $F_W = 0{,}45\,N$
Gewichtskraft in der unbekannten Flüssigkeit: $F_X = 0{,}48\,N$
Dichte von Wasser: $\varrho = 1{,}00\,\frac{kg}{dm^3}$

Gesucht: Dichte der unbekannten Flüssigkeit: ϱ_X

Lösungsplan: Das Volumen V_K des eintauchenden Körpers lässt sich mithilfe des Archimedischen Gesetzes $F_A = V \cdot \varrho \cdot g$ bestimmen, wenn man als Auftriebskraft F_A die Differenz zwischen seiner Gewichtskraft F_L in Luft und seiner Gewichtskraft F_W in Wasser und als Dichte die Dichte ϱ_W des Wassers einsetzt. Damit lässt sich dann die Dichte ϱ_X der unbekannten Flüssigkeit ebenfalls aus dem Archimedischen Gesetz berechnen, wenn man für die Auftriebskraft F_A die Differenz aus der Gewichtskraft F_L des Körpers in Luft und seiner Gewichtskraft F_X in der unbekannten Flüssigkeit setzt.

Lösung

1. Schritt: Bestimmung des Körpervolumens V_K:

$$F_L - F_W = V_K \cdot \varrho_W \cdot g \Rightarrow V_K = \frac{F_L - F_W}{\varrho_W \cdot g}$$

2. Schritt: Bestimmung der gesuchten Dichte ϱ_X:

$$F_L - F_X = V_K \cdot \varrho_X \cdot g = \frac{F_L - F_W}{\varrho_W \cdot g} \cdot \varrho_X \cdot g = \frac{(F_L - F_W) \cdot \varrho_X}{\varrho_W}$$

$$\varrho_X = \frac{F_L - F_X}{F_L - F_W} \cdot \varrho_W = \frac{0{,}63\,N - 0{,}48\,N}{0{,}63\,N - 0{,}45\,N} \cdot 1\,\frac{kg}{dm^3} = \left(\frac{0{,}63 - 0{,}48}{0{,}63 - 0{,}45}\right) \frac{N \cdot kg}{N \cdot dm^3} = 0{,}83\,\frac{kg}{dm^3}$$

Ergebnis: Die Dichte der unbekannten Flüssigkeit beträgt $0{,}83\,\frac{kg}{dm^3} = 0{,}83\,\frac{g}{cm^3}$.

▶ Seite 63

14. Aufgabe

Gegeben: Gewichtskraft der Kupferkugel in Luft: $F_L = 2{,}136\,N$
Gewichtskraft der Kupferkugel in Benzin: $F_B = 1{,}968\,N$
Dichte von Benzin: $\varrho_B = 0{,}7\,\frac{g}{cm^3}$

Gesucht: Dichte von Kupfer: ϱ_{Cu}

Lösungsplan: Ausgangspunkt ist die Definitionsgleichung $\varrho = \frac{m}{V}$ der Dichte. Die Masse der Kupferkugel ergibt sich aus ihrer Gewichtskraft in Luft gemäß der Beziehung $F_G = m \cdot g$. Das Volumen der Kugel lässt sich aus dem Archimedischen Gesetz ermitteln, wobei die Auftriebskraft gleich der Differenz aus den Gewichtskräften der Kugel in Luft und in Benzin zu setzen ist.

Lösung

$$\varrho_{Cu} = \frac{m_{Cu}}{V_{Cu}}$$

$$m_{Cu} \cdot g = F_L \Rightarrow m_{Cu} = \frac{F_L}{g}$$

$$\varrho_{Cu} = \frac{\frac{F_L}{g}}{V_{Cu}} = \frac{F_L}{V_{Cu} \cdot g}$$

$$F_A = V_{Cu} \cdot \varrho_B \cdot g \Rightarrow V_{Cu} = \frac{F_A}{\varrho_B \cdot g}$$

$$\varrho_{Cu} = \frac{F_L}{\frac{F_A}{\varrho_B \cdot \not{g}} \cdot \not{g}} = \frac{F_L \cdot \varrho_B}{F_A}$$

$$F_A = F_L - F_B$$

$$\varrho_{Cu} = \frac{F_L \cdot \varrho_B}{F_L - F_B} = \frac{F_L}{F_L - F_B} \cdot \varrho_B$$

$$\varrho_{Cu} = \frac{2{,}136\,N}{2{,}136\,N - 1{,}968\,N} \cdot 0{,}7\,\frac{g}{cm^3} = \left(\frac{2{,}136 \cdot 0{,}7}{2{,}136 - 1{,}968}\right)\frac{N \cdot g}{N \cdot cm^3} = 8{,}9\,\frac{g}{cm^3}$$

Ergebnis: Das Kupfer hat eine Dichte von $8{,}9\,\frac{g}{cm^3}$.

15. Aufgabe ▶ Seite 63

Gegeben: Gewichtskraft des Korkstücks in Luft: $F_K = 0{,}02\,N$
Gewichtskraft des Bleikörpers in Luft: $F_{Bl} = 0{,}66\,N$
Gewichtskraft beider Körper in Wasser: $F_W = 0{,}54\,N$
Dichte von Blei: $\varrho_{Bl} = 11{,}3\,\frac{kg}{dm^3}$
Dichte von Wasser: $\varrho_W = 1{,}00\,\frac{kg}{dm^3}$
Ortsfaktor: $g = 10\,\frac{N}{kg}$

Gesucht: Dichte von Kork: ϱ_K

Lösungsweg: Die Masse m_K des Korks lässt sich aus der Beziehung $F_G = m \cdot g$ bestimmen. Das Gesamtvolumen V_G beider Körper lässt sich mithilfe des Archimedischen Gesetzes berechnen. Das Volumen V_{Bl} des Bleikörpers ergibt sich aus der Definitionsgleichung $\varrho = \frac{m}{V}$ der Dichte. Das Korkvolumen V_K erhält man dann als Differenz von Gesamtvolumen V_G und Bleivolumen V_{Bl}. Die Korkdichte ϱ_K ergibt sich schließlich als Quotient aus der Masse m_K und dem Volumen V_K des Korkes.

Lösung

Schrittweise Lösung

1. Schritt: Berechnung der Korkmasse m_K

$$m_K = \frac{F_K}{g} = \frac{0{,}02\,N}{10\,\frac{N}{kg}} = 0{,}002\,kg$$

2. Schritt: Berechnung der gemeinsamen Auftriebskraft F_A beider Körper

$$F_A = (F_K + F_{Bl}) - F_W = (0{,}02\,N + 0{,}66\,N) - 0{,}54\,N = 0{,}14\,N$$

3. Schritt: Berechnung des Gesamtvolumens V_G beider Körper

$$F_A = V_G \cdot \varrho_W \cdot g \Rightarrow V_G = \frac{F_A}{\varrho_W \cdot g} = \frac{0{,}14\,N}{1\,\frac{kg}{dm^3} \cdot 10\,\frac{N}{kg}} = 0{,}014\,dm^3$$

4. Schritt: Berechnung des Bleivolumens V_{Bl}

$$\varrho_{Bl} = \frac{m_{Bl}}{V_{Bl}} \Rightarrow V_{Bl} = \frac{m_{Bl}}{\varrho_{Bl}} \xRightarrow{m_{Bl} = \frac{F_{Bl}}{g}} V_{Bl} = \frac{F_{Bl}}{g \cdot \varrho_{Bl}} = \frac{0{,}66\,N}{10\,\frac{N}{kg} \cdot 11{,}3\,\frac{kg}{dm^3}} = 0{,}006\,dm^3$$

5. Schritt: Berechnung des Korkvolumens V_K

$$V_K = V_G - V_{Bl} = 0{,}014\,dm^3 - 0{,}006\,dm^3 = 0{,}008\,dm^3$$

6. Schritt: Berechnung der Korkdichte ϱ_K

$$\varrho_K = \frac{m_K}{V_K} = \frac{0{,}002\,kg}{0{,}008\,dm^3} = 0{,}25\,\frac{kg}{dm^3}$$

▶ Seite 63

Geschlossene Lösung

$$\varrho_K = \frac{m_K}{V_K}$$

$$V_K = V_G - V_{Bl}$$

$$\varrho_K = \frac{m_K}{V_G - V_{Bl}}$$

$$F_A = V_G \cdot \varrho_W \cdot g \Rightarrow V_G = \frac{F_A}{\varrho_W \cdot g}$$

$$V_{Bl} = \frac{m_{Bl}}{\varrho_{Bl}}$$

$$\varrho_K = \frac{m_K}{\frac{F_A}{\varrho_W \cdot g} - \frac{m_{Bl}}{\varrho_{Bl}}}$$

$$F_A = F_K + F_{Bl} - F_W$$

$$\varrho_K = \frac{m_K}{\frac{F_K + F_{Bl} - F_W}{\varrho_W \cdot g} - \frac{m_{Bl}}{\varrho_{Bl}}}$$

$$\varrho_K = \frac{m_K \cdot \varrho_W \cdot g \cdot \varrho_{Bl}}{(F_K + F_{Bl} - F_W) \cdot \varrho_{Bl} - m_{Bl} \cdot \varrho_W \cdot g}$$

$$m_K \cdot g = F_K$$

$$m_{Bl} \cdot g = F_{Bl}$$

$$\varrho_K = \frac{F_K \cdot \varrho_W \cdot \varrho_{Bl}}{(F_K + F_{Bl} - F_W) \cdot \varrho_W - F_{Bl} \cdot \varrho_W}$$

$$\varrho_K = 0{,}245 \frac{\text{kg}}{\text{dm}^3} \approx 0{,}25 \frac{\text{kg}}{\text{dm}^3}$$

Ergebnis: Die Dichte von Kork beträgt $0{,}25 \frac{\text{kg}}{\text{dm}^3} = 0{,}25 \frac{\text{g}}{\text{cm}^3}$.

16. Aufgabe

Solange der Stein sich im Boot befindet, ist er gewissermaßen ein „schwimmender" Körper und verdrängt als solcher eine Wassermenge, die genau so viel wiegt, wie er selbst. Da der Stein eine größere Dichte hat als Wasser, ist das von ihm verdrängte Wasservolumen in diesem Fall größer als sein eigenes Volumen. Wirft man den Stein nun aber ins Wasser, dann geht er unter und das dabei von ihm verdrängte Wasservolumen ist gleich seinem eigenen Volumen. Wenn er aber ein kleineres Wasservolumen verdrängt, dann sinkt der Wasserspiegel des Schwimmbeckens. Richtig ist Aussage b).

17. Aufgabe

Weil der Holzklotz im Wasser schwimmt, ändert sich das von ihm verdrängte Wasservolumen nicht, wenn man ihn aus dem Boot ins Wassers wirft. Das Gewicht des verdrängten Wassers ist in beiden Fällen gleich dem Gewicht des Holzklotzes. Der Wasserspiegel im Schwimmbecken bleibt somit unverändert (Antwort c).